U0258394

声信号处理与智能分析

潘 超 陈景东◎编著

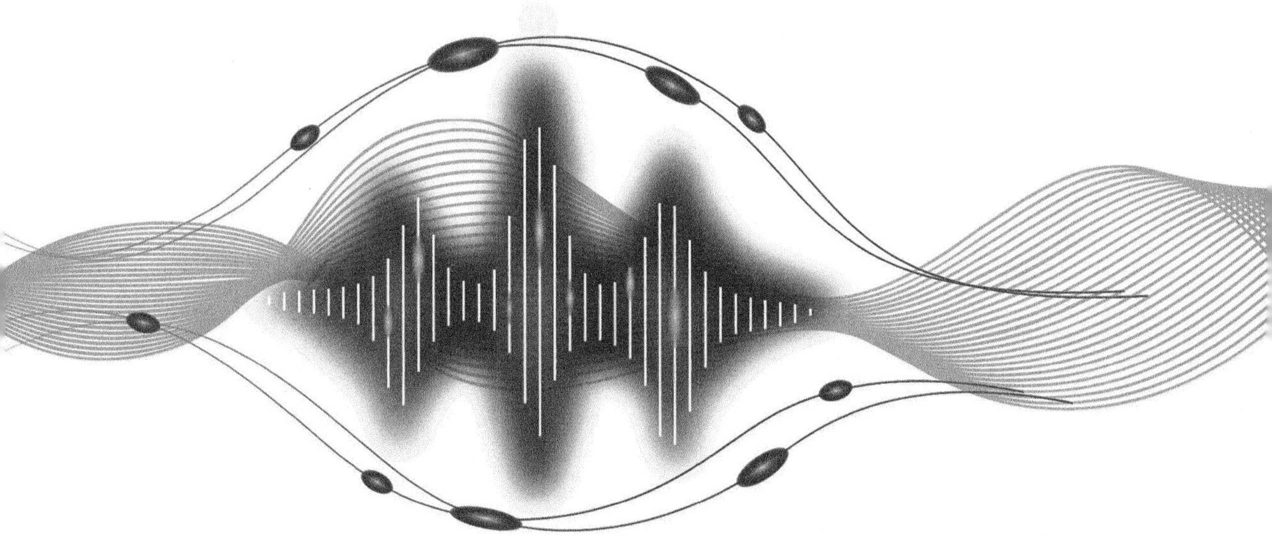

人民邮电出版社
北 京

图书在版编目（CIP）数据

声信号处理与智能分析 / 潘超，陈景东编著. -- 北京 : 人民邮电出版社，2023.2
ISBN 978-7-115-59828-8

Ⅰ. ①声… Ⅱ. ①潘… ②陈… Ⅲ. ①声－信号处理 Ⅳ. ①TN912.3

中国版本图书馆CIP数据核字(2022)第144125号

内容提要

本书贯穿了信号的获取、处理、分析和识别整条链路所需的关键知识点，以声信号为研究对象，阐述了传统信号处理、自适应信号处理、机器学习等信号处理和智能分析设计等知识要点。全书总共16章，第1～4章介绍了经典信号处理与分析方法，第5～11章阐述了先进信号处理方法、人工特征的获取原理和方法，第12～16章主要说明了深度学习、混合模型等智能分析方法。

本书的主要读者对象为声信号处理和分析相关学科的高校学生，以及从事声信号处理的相关科研工作者。本书对语音信号处理相关专业的技术人员也有一定的参考价值。本书也适合对智能语音信号分析感兴趣的读者阅读。

◆ 编　　著　潘　超　陈景东
　责任编辑　刘亚珍
　责任印制　马振武
◆ 人民邮电出版社出版发行　　北京市丰台区成寿寺路11号
　邮编　100164　　电子邮件　315@ptpress.com.cn
　网址　https://www.ptpress.com.cn
　固安县铭成印刷有限公司印刷
◆ 开本：787×1092　1/16
　印张：11　　2023年2月第1版
　字数：255千字　　2023年2月河北第1次印刷

定价：99.80元

读者服务热线：(010)81055493　印装质量热线：(010)81055316
反盗版热线：(010)81055315
广告经营许可证：京东市监广登字20170147号

前　言

声信号处理已有很长的历史，该领域早期的研究成果，例如，波动方程、脉冲编码调制（Pulse Code Modulation，PCM）、奈奎斯特-香农（Nyquist-Shannon）采样定理、线性预测编码（Linear Predictive Coding，LPC）、隐马尔可夫模型（Hidden Markov Model，HMM）等，引领了信号、信息处理和模式识别技术的发展。随着信号、信息处理、模式识别与机器学习等技术的快速演进，这些领域的成果又加速了声信号处理领域方法和技术的创新，将声信号处理从传统的滤波、变换、估计、识别与分类推向更为复杂的智能分析。这种交叉融合逐渐成为技术研发的趋势，但它同时对学校的教学和人才培养也带来了全新的挑战。

具体而言，要从事声信号处理领域的研发和创新，除了声学领域的基础知识，研发人员还必须掌握大量的信号处理、阵列处理、模式识别、机器学习等领域的基础和专业知识。这些领域的相关图书很多，在声信号处理方面例如《语音识别原理》《语音识别实践》《声源分离》《语音处理手册》《声学 MIMO 信号处理》《网络与声学回声对消技术》《麦克风阵列信号处理》《信号增强与阵列信号处理原理》《空间声原理》《声学原理》《水声学》等，在信号处理方面如《离散时间信号处理》《最优阵列处理技术》《统计信号处理基础：估计理论》等，在机器学习方面如《模式识别与机器学习》《神经网络与机器学习》《深度学习》《统计学习方法》《机器学习》《神经网络与深度学习》等。这些相关图书不论从广度还是深度方面，堪称经典。但在高校研究生和本科教学过程中，使用任何一本经典专著作为教材都无法涵盖声信号处理领域的基础和前沿问题，如果把多本经典专著放在一起，又远远超过了学生能够接受的范围，正是这种背景激励了我们完成本书的撰写。

本书简要介绍了声信号获取、处理、分析和识别所需的关键知识点，总共 16 章。第 1 ~ 4 章为数字信号处理的基础知识；第 5 章介绍了自适应滤波器的基础框架和设计方法；第 6 章以室内声为对象，介绍了信道特性与声信号在物理介质中传输时会产生的变化；第 7 章阐述了信道估计方法；第 8 章论述了阵列处理方法；第 9 章讨论了语音信号的产生机理；第 10 章介绍了用于声信号分析的时频分析方法；第 11 章从听觉机理入手，介绍了语音信号特征提取的基本方法；第 12 章分析了高斯混合模型和语音信号特征的建模方法；第 13 章阐述了用于声信号特征提取的深度神经网络；第 14 章论述了智能分析中常用的分类、聚类和降维方法；第 15 章诠释了经典的支持向量机和优化问题的求解方法；最后，第 16 章以声纹识别为应用案例，分析了特征提取与智能分析技术的具体应用。

需要说明的是，本书类似教学大纲，对关键知识点只进行了简要的整理，我们的出发点是帮助初学者建立基本的概念，详细推导及分析过程读者可以参见具体的专著。我们会根据教学过程中获得的反馈不断完善、修改和调整书中的内容。如果读者发现书中的错误或不当之处，敬请联系我们。

作者
于西北工业大学
2022 年 10 月 7 日

目　录

第 1 章　信号与系统

本章主要介绍信号与系统的基本概念，包括信号的表示方法、信号的操作/变换、信号的离散化以及系统的表示方法。

- 信号表示成傅里叶级数，利用级数的正交性，完成傅里叶变换与反变换的引入。
- 信号的离散处理，引出采样（也称为抽样）的概念，引出采样过程不损失信息的概念。
- 介绍卷积操作，为系统的描述做铺垫。
- 介绍常见的系统类型。
- 介绍采样定理和典型的连续信号和离散信号。

1.1　信号的表述与分析

信号有很多种，我们以时序信号为研究对象进行信号处理与智能分析的探讨，研究的是随时间变化的物理量，希望利用观测到的样本寻找物理变量本身的规律，并解译出有用的信息。

对于一个随时间变化的物理量，记作 $y(t)$，根据傅里叶理论，可以分解成一系列复指数函数的叠加，具体如下。

$$y(t)=\frac{1}{2\pi}\int_{-\infty}^{\infty}Y(\Omega)\mathrm{e}^{\mathrm{j}\Omega t}\mathrm{d}\Omega,\ \forall t \qquad \text{式 (1-1)}$$

由于复指数函数 $\mathrm{e}^{\mathrm{j}\Omega t}$ 满足如下正交性：

$$\frac{1}{2\pi}\int_{-\infty}^{\infty}\mathrm{e}^{\mathrm{j}\Omega t}\mathrm{e}^{-\mathrm{j}\Omega' t}\mathrm{d}t=\frac{1}{2\pi}\int_{-\infty}^{\infty}\mathrm{e}^{\mathrm{j}(\Omega-\Omega')t}\mathrm{d}t=\delta(\Omega-\Omega') \qquad \text{式 (1-2)}$$

利用正交性，对式 (1-1) 两边同时乘以 $\mathrm{e}^{-\mathrm{j}\Omega' t}$，然后针对 t 积分，可得：

$$Y(\Omega)=\int_{-\infty}^{\infty}y(t)\mathrm{e}^{-\mathrm{j}\Omega t}\mathrm{d}t,\quad \forall\Omega \qquad \text{式 (1-3)}$$

其中，式 (1-3) 被称为 $y(t)$ 的傅里叶变换；式 (1-1) 为对应的反傅里叶变换。$Y(\Omega)$ 通常叫作信号的频谱。

傅里叶变换和反傅里叶变换描述了一种信号的分解和重构的方法。另外，它还代表了很多物理意义，在本书后续章节会详细讲解。

1.2 离散处理

给定一个连续的物理变量 $y(t)$，如果我们每隔一个时间间隔 T_s 去测量/读取这个物理变量的值，即 $y(nT_s)$，将测量的结果存成一个序列，就能够得到一个离散的信号。方便起见，我们通常将 $y(nT_s)$ 简单记作 $y(n)$，n 为序列的下标。

信号从连续到离散的示意如图 1-1 所示，其中，T_s 为抽样间隔。在均匀抽样的条件下，一个重要的变量是抽样的间隔取多少合适。

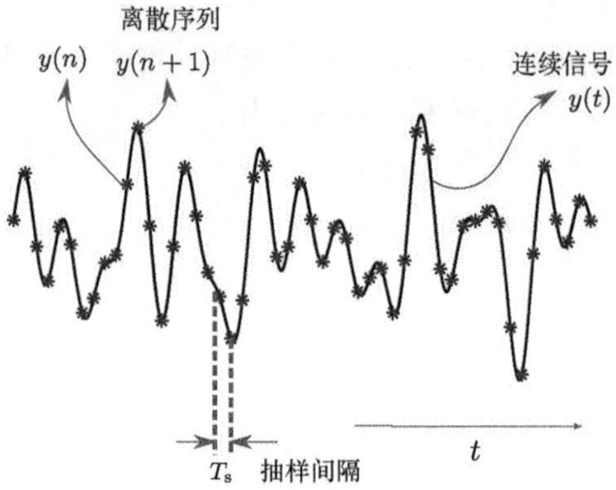

图 1-1 信号从连续到离散的示意

直观上讲，我们希望信号抽样非常密集，这样的话能够充分保留信号所携带的信息。但这样做非常浪费资源，而且在实际中过密的抽样也没有必要。事实上，根据抽样定理，对于实信号只要抽样频率大于信号带宽（或基带信号的最大频率）的 2 倍，抽样就不会损失信息，这就是抽样定理。

1.3 卷积

1.3.1 连续卷积

给定一个连续信号 $y(t)$ 和一个连续的函数 $h(t)$，它们的卷积定义如下。

$$z(t) = h(t) * y(t) \qquad \text{式 (1-4)}$$

$$= \int h(\tau)y(t-\tau)\mathrm{d}\tau \qquad \text{式 (1-5)}$$

如果说 $h(t)$ 是一个滤波器，那将 $h(t)$ 卷积上一个信号就是对这个信号进行滤波操作。

1.3.2 离散卷积

给定一个离散的信号 $y(n)$ 和一个离散的序列 $h(n)$，它们的卷积定义如下。

$$z(n) = h(n) * y(n) \quad \text{式 (1-6)}$$

$$= \sum_i h(i)y(n-i) \quad \text{式 (1-7)}$$

同理，如果 $h(n)$ 是离散滤波器的系数，那么将它与离散信号卷积就是在对离散信号滤波。通过设计合适的滤波器，可以去除离散信号中部分冗余或噪声成分。

1.3.3 卷积的重要性质

由于连续卷积和离散卷积的性质类似，我们以离散卷积的性质为例给出卷积几个重要的性质。

1. 交换律
   $h(n) * y(n) = y(n) * h(n)$
2. 数乘性质
   $[ah(n)] * y(n) = a[h(n) * y(n)]$， $\forall a$
3. 叠加性质
   $[h_1(n) + h_2(n)] * y(n) = h_1(n) * y(n) + h_2(n) * y(n)$
4. 时域的卷积对应频域和 $\mathcal{Z}$ 域的乘积
5. 时域的乘积对应频域和 $\mathcal{Z}$ 域的卷积

1.4 系统的描述

在信号处理中，我们通常将系统归为两类：物理系统，描述的是信号的物理模型；滤波系统，描述的是信号的处理过程。为了方便起见，我们将物理系统和滤波系统的符号做统一的标记，物理系统和滤波系统的变量说明如图 1-2 所示。

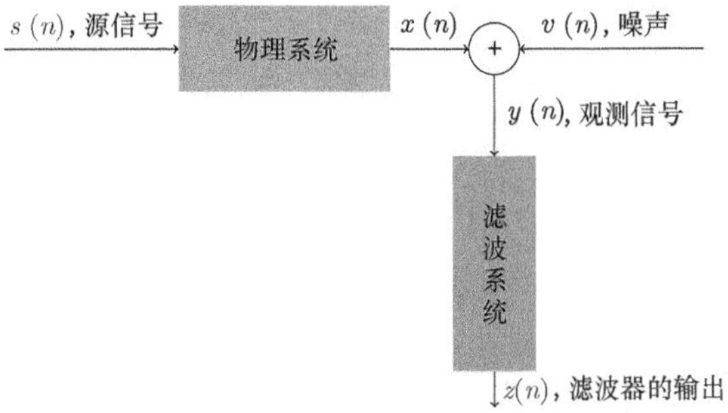

图 1-2 物理系统和滤波系统的变量说明

1.4.1 物理系统

在建模物理系统时，我们通常不考虑测量噪声，系统输出 $x(n)$ 和源信号 $s(n)$ 之间的关系，可用如下方式进行建模：

$$x(n)+\sum_{i=1}^{L_a-1}a(i)x(n-i)=\sum_{i=0}^{L_b-1}b(i)s(n-i),\quad \forall n \qquad 式 (1\text{-}8)$$

或

$$x(n)=\sum_{i=0}^{L_b-1}b(i)s(n-i)-\sum_{i=1}^{L_a-1}a(i)x(n-i),\quad \forall n \qquad 式 (1\text{-}9)$$

其中，$\{a(i),\ \forall i\}$ 和 $\{b(i),\ \forall i\}$ 为两组实系数，用于刻画我们的物理系统，形成信号模型。

1.4.2 滤波系统

如图 1-2 所示，对于滤波器系统，$y(n)$ 是输入信号，$z(n)$ 是输出信号，该滤波系统可以描述为如下形式。

$$z(n)+\sum_{i=1}^{L_a-1}a(i)z(n-i)=\sum_{i=0}^{L_b-1}b(i)y(n-i),\quad \forall n \qquad 式 (1\text{-}10)$$

或

$$z(n)=\sum_{i=0}^{L_b-1}b(i)y(n-i)-\sum_{i=1}^{L_a-1}a(i)z(n-i),\quad \forall n \qquad 式 (1\text{-}11)$$

其中，$\{a(i),\ \forall i\}$ 和 $\{b(i),\ \forall i\}$ 为两组实系数，用于刻画滤波器。

1.5 抽样定理

1.5.1 抽样的基本准则

信号的离散处理是将一个时间上连续的信号转化成时间上离散的数据点。也可以理解为，如何用有限的数据点，描述整段信号的所有信息，这要求“抽样过程不损失任务所需的信息”。

1.5.2 工具①：连续时间脉冲串函数及其傅里叶变换

离散处理过程中需要用到一个脉冲串函数，具体如下。

$$r(t)=\sum_{n}\delta(t-nT_{\mathrm{s}}) \qquad 式 (1\text{-}12)$$

它的傅里叶变换也是一系列脉冲串，只是幅度和间隔稍有改变，具体如下。

$$R(\Omega) = \frac{2\pi}{T_s}\sum_k \delta(\Omega - k\Omega_s) \qquad \text{式 (1-13)}$$

其中，$\Omega_s = 2\pi/T_s = 2\pi f_s$，$f_s = 1/T_s$。由于 T_s 描述的是抽样的间隔，f_s 描述的是单位时间（1 s）内抽样了多少个点，方便起见，把 f_s 叫作抽样频率，它的单位是 Hz。

1.5.3 工具②：卷积操作下傅里叶变换的性质

方便起见，我们将 $z(t)$、$y(t)$ 和 $h(t)$ 的傅里叶变换分别记作 $Z(\Omega)$、$Y(\Omega)$ 和 $H(\Omega)$。卷积操作可以分解为“反转”“时延”“积分”。

根据傅里叶变换的定义，卷积操作和傅里叶变换之间存在如下的关系。

1. 时域的卷积对应频域的乘积

如果 $z(t) = y(t) * h(t)$，则有：

$$Z(\Omega) = Y(\Omega)H(\Omega) \qquad \text{式 (1-14)}$$

2. 时域的乘积对应频域的卷积

如果 $z(t) = y(t)h(t)$，则有：

$$Z(\Omega) = \frac{1}{2\pi}Y(\Omega) * H(\Omega) \qquad \text{式 (1-15)}$$

利用傅里叶变换的定义，上述的两个性质很容易证明，以下给出其中一个性质的证明。

$$Z(\Omega) = \int z(t)\mathrm{e}^{-\mathrm{j}\Omega t}\mathrm{d}t \qquad \text{式 (1-16)}$$

$$= \int y(t) * h(t)\mathrm{e}^{-\mathrm{j}\Omega t}\mathrm{d}t \qquad \text{式 (1-17)}$$

$$= \iint y(\tau)h(t-\tau)\mathrm{e}^{-\mathrm{j}\Omega t}\mathrm{d}\tau\mathrm{d}t \qquad \text{式 (1-18)}$$

$$\overset{\text{变量代换}}{=\!=\!=} \iint y(\tau)h(t')\mathrm{e}^{-\mathrm{j}\Omega(t'+\tau)}\mathrm{d}\tau\mathrm{d}t' \qquad \text{式 (1-19)}$$

$$= \int y(t)\mathrm{e}^{-\mathrm{j}\Omega t}\mathrm{d}t\int h(t)\mathrm{e}^{-\mathrm{j}\Omega t}\mathrm{d}t \qquad \text{式 (1-20)}$$

$$= Y(\Omega)H(\Omega) \qquad \text{式 (1-21)}$$

其中，“变量代换”这一步，只须令 $t' = t - \tau$，结合 $\mathrm{d}t' = \mathrm{d}t$，即可完成推导。

1.5.4 推导：抽样定理

将原来的连续信号乘以脉冲串函数，可以得到一个新的信号，具体如下。

$$\begin{aligned} y_{\mathrm{i}}(t) &= y_{\mathrm{c}}(t)r(t) \\ &= y_{\mathrm{c}}(t)\sum_{n}\delta(t-nT_{\mathrm{s}}) \\ &= \sum_{n} y_{\mathrm{c}}(nT_{\mathrm{s}})\delta(t-nT_{\mathrm{s}}) \\ &= \sum_{n} y(n)\delta(t-nT_{\mathrm{s}}) \end{aligned} \quad \text{式 (1-22)}$$

其中，下标“c”代表连续信号，显然，离散时刻的信号可以用脉冲串的幅度来刻画。

利用傅里叶变换的性质，可将 $y_{\mathrm{i}}(t)$ 傅里叶变换表示如下。

$$Y_{\mathrm{i}}(\Omega) = \frac{1}{2\pi}Y_{\mathrm{c}}(\Omega) * R(\Omega) \quad \text{式 (1-23)}$$

$$= \frac{1}{T_{\mathrm{s}}}Y_{\mathrm{c}}(\Omega) * \sum_{k}\delta(\Omega - k\Omega_{\mathrm{s}}) \quad \text{式 (1-24)}$$

$$= \frac{1}{T_{\mathrm{s}}}\sum_{k}Y_{\mathrm{c}}(\Omega - k\Omega_{\mathrm{s}}) \quad \text{式 (1-25)}$$

这个关系描述的其实是两个操作：平移和叠加。其中，平移就是把信号的频谱的中心移到 $k\Omega_{\mathrm{s}}$ 处；叠加的意思就是将频移后得到的信号成分，在每个 Ω 上直接叠加起来。

在实际中，信号的带宽是有限的。因此，存在一个 $\Omega_{\max}$ 使 $Y_{\mathrm{c}}(\Omega)=0$，$\forall\Omega \geqslant \Omega_{\max}$。在带宽有限的信号的假设下，不同抽样间隔下的脉冲串的频谱（$\Omega_{\mathrm{s}}=2\pi/T_{\mathrm{s}}$）如图 1-3 所示。

- 当 $\Omega_{\mathrm{s}} \geqslant 2\Omega_{\max}$ 时，从卷积后的频谱里面可以完整地恢复原始信号的频谱。从图 1-3 中也可以看到，除了原始信号的频谱，在高频段还多了很多频谱成分，这些频谱成分可通过低通滤波的方式直接滤除，后续章节会详细讲解。
- 当 $\Omega_{\mathrm{s}} < 2\Omega_{\max}$ 时，频移后的频谱成分之间会发生重叠。这种混在一块儿、又叠起来的现象叫作“混叠”。出现“混叠”现象后，原始信号的频谱无法通过低通滤波的方式恢复。

因此，为了从抽样后的信号中恢复原始信号，需要满足 $\Omega_{\mathrm{s}} \geqslant 2\Omega_{\max}$，即 $f_{\mathrm{s}} \geqslant 2f_{\max}$。也就是说，对于实信号，抽样频率要大于或者等于信号最大频率的 2 倍。更为详细的信息见奈奎斯特抽样定理。

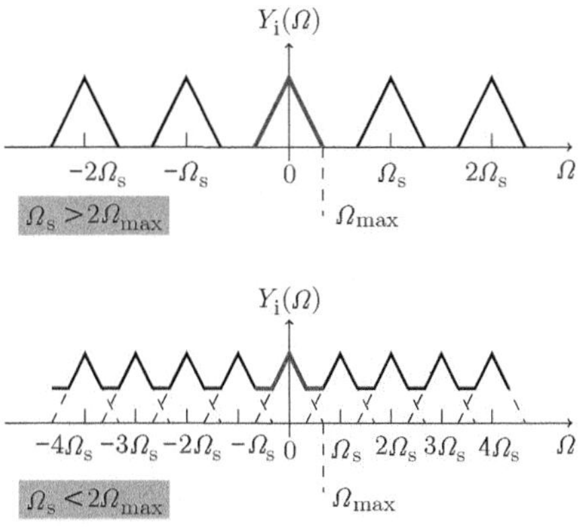

图 1-3 不同抽样间隔下的脉冲串的频谱（$\Omega_s = 2\pi/T_s$）

1.5.5 混叠案例：高频的信号表现出低频的行为

假定有一个频率为 f_0 的单频信号，$y(t) = \cos(2\pi f_0 t)$。我们用 f_s 的抽样频率去抽样，得到 $y(nT_s) = \cos(2\pi f_0 nT_s)$。为了分析“混叠”现象，我们假定 $f_s < f_0$，也就是说，抽样频率比信号的频率还小。更具体一点，假定 $f_0 = Kf_s + \Delta f$。在这种条件下，可得：

$$y(n) = \cos\left(2\pi f_0 n \frac{1}{f_s}\right) \quad \text{式 (1-26)}$$

$$= \cos\left[2\pi(Kf_s + \Delta f)n\frac{1}{f_s}\right] \quad \text{式 (1-27)}$$

$$= \cos\left[2\pi\left(K + \frac{\Delta f}{f_s}\right)n\right] \quad \text{式 (1-28)}$$

$$= \cos\left(2\pi\frac{\Delta f}{f_s}n\right) \quad \text{式 (1-29)}$$

$$= \cos(2\pi\Delta f nT_s) \quad \text{式 (1-30)}$$

对比式 (1-26) 和式 (1-30)，不难发现，本来是频率为 f_0 的信号，经过抽样之后，变成频率为 Δf 的信号。

1.6 问题

1. 查阅文献，理解物理系统中冲激响应的具体含义。
2. 假定物理空间中存在两个源，$s_0(n)$ 和 $s_1(n)$，从源到某一给定观测点的冲激响应分别为 $h_0(n)$ 和 $h_1(n)$，给出在该观测点处信号的时域表达式。
3. 空间中存在两个源，其中，源信号为 $s_0(n)$ 和 $s_1(n)$，如果从 3 个不同的点对信号进行观测，假定从 m 号源到 n 号观测点的冲激响应为 $h_{n,m}(n)$，写出 3 个观测信号的时域表达式。

4. 给定系统 $x(n) = -a_1 x(n-1) + s(n)$，如果将该系统等价成 $x(n) = \sum_{i=0}^{\infty} h(i) * s(n-i)$，求解 $h(i)$ 与 a_1 的关系。
5. 给定信号 $s(n)$ 和系统的冲激响应 $h(n)$，写出系统输出信号的频域表达式。

第 2 章　离散傅里叶变换

傅里叶变换是分析信号和系统的重要方法，在实际应用中十分广泛。本章主要介绍离散时间傅里叶变换（Discrete Time Fourier Transform，DTFT）和离散傅里叶变换（Discrete Fourier Transform，DFT）。

- 离散信号如何表示成连续信号？对离散信号的分析是否能够反应对应连续信号的特征？
- 引出 DTFT 和 DFT。
- 逆变换 IDTFT（反离散时间傅里叶变换）和 IDFT（反离散傅里叶变换）。
- DFT 和 DTFT 的性质。
- DFT 的向量化描述，与 DFT 在信号处理中的基本用途。

2.1　离散信号的傅里叶变换

2.1.1　离散时间傅里叶变换

离散时间傅里叶变换的目的是通过分析离散的序列 $y(n)$，得到连续信号的频谱 $Y(\Omega)$。DTFT 的过程示意如图 2-1 所示。

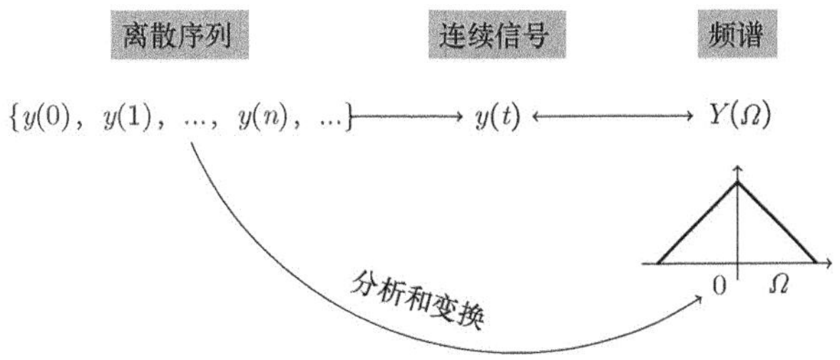

图 2-1　DTFT 的过程示意

2.1.2　大致思路

由于之前的傅里叶变换是定义在连续时间域的，所以我们首先需要将离散的序列变换成对应的连续信号，然后借鉴傅里叶变换的定义，导出针对离散序列的傅里叶变换。

2.1.3 从时间上离散的信号到时间上连续的信号

利用脉冲串函数调制离散序列，调制后的信号记作 $y_{\mathrm{i}}(t)$，可得：

$$y_{\mathrm{i}}(t)=\sum_{n}y(n)\delta(t-nT_{\mathrm{s}}) \quad \text{式 (2-1)}$$

$$=\sum_{n}y_{\mathrm{c}}(nT_{\mathrm{s}})\delta(t-nT_{\mathrm{s}}) \quad \text{式 (2-2)}$$

$$=\sum_{n}y_{\mathrm{c}}(t)\delta(t-nT_{\mathrm{s}}) \quad \text{式 (2-3)}$$

$$=y_{\mathrm{c}}(t)\sum_{n}\delta(t-nT_{\mathrm{s}}) \quad \text{式 (2-4)}$$

式 (2-4) 等号右侧是连续信号与脉冲串的乘积。

2.1.4 脉冲串调制后信号的傅里叶变换

由于 $y_{\mathrm{i}}(t)$ 是时间上连续的信号，所以可对其直接做傅里叶变换，具体如下。

$$Y_{\mathrm{i}}(\Omega)=\int y_{\mathrm{i}}(t)\mathrm{e}^{-\mathrm{j}\Omega t}\mathrm{d}t \quad \text{式 (2-5)}$$

$$=\int\sum_{n}y_{\mathrm{c}}(nT_{\mathrm{s}})\delta(t-nT_{\mathrm{s}})\mathrm{e}^{-\mathrm{j}\Omega t}\mathrm{d}t \quad \text{式 (2-6)}$$

$$=\sum_{n}y_{\mathrm{c}}(nT_{\mathrm{s}})\int\delta(t-nT_{\mathrm{s}})\mathrm{e}^{-\mathrm{j}\Omega t}\mathrm{d}t \quad \text{式 (2-7)}$$

$$=\sum_{n}y_{\mathrm{c}}(nT_{\mathrm{s}})\mathrm{e}^{-\mathrm{j}\Omega T_{\mathrm{s}}n} \quad \text{式 (2-8)}$$

$$=\sum_{n}y(n)\mathrm{e}^{-\mathrm{j}\Omega T_{\mathrm{s}}n} \quad \text{式 (2-9)}$$

式 (2-9) 建立了序列与频谱之间的联系。

由式 (1-25) 中的分析可知，$Y_{\mathrm{i}}(\Omega)$ 是 $Y_{\mathrm{c}}(\Omega)$ 通过平移叠加后的结果；只要抽样频率大于信号最大频率的两倍，对离散序列做式 (2-9) 的变换就能得到信号的频谱。

2.1.5 离散时间傅里叶变换

在式 (2-9) 中，如果定义

$$\omega\triangleq\Omega T_{\mathrm{s}} \quad \text{式 (2-10)}$$

可将其重新写为：

$$Y(\omega)\triangleq Y_{\mathrm{i}}(\Omega)|_{\Omega=\omega/T_{\mathrm{s}}} \quad \text{式 (2-11)}$$

$$=\sum_{n}y(n)\mathrm{e}^{-\mathrm{j}\omega n} \quad \text{式 (2-12)}$$

这便是 DTFT，变量 ω 为数字角频率。

由于 $Y_i(\Omega)$ 是以 $\Omega_s = 2\pi/T_s$ 为周期的信号，$Y(\omega)$ 就是以 $\Omega_s T_s = 2\pi$ 为周期的信号。事实上，因为 $e^{-j\omega n}$ 关于变量 ω 以 2π 为周期，所以 $Y(\omega)$ 以 2π 为周期。

$Y_i(\Omega)$ 是 $Y(\Omega)$ 平移叠加后的结果，$Y(\omega)$ 相当于对 $Y_i(\Omega)$ 做了一个变量代换，DTFT 和 FT 之间的关系示意如图 2-2 所示。

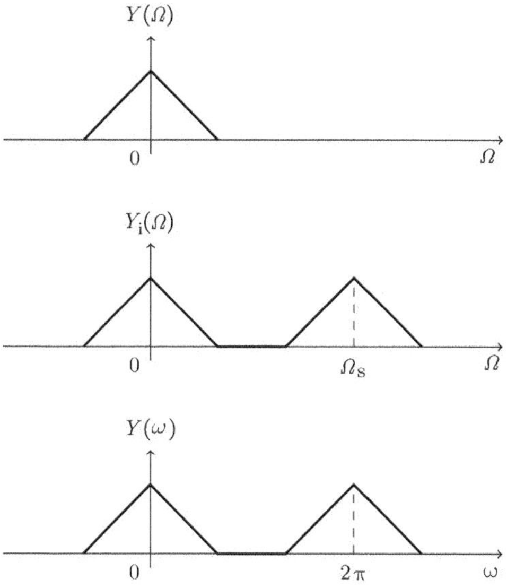

图 2-2　DTFT 和 FT 之间的关系示意

2.1.6　正交性与反离散时间傅里叶变换

函数 $e^{-j\omega n}$ 满足正交性质，具体如下。

$$\frac{1}{2\pi}\int e^{j\omega(n-m)}d\omega = \delta(n-m) \qquad \text{式 (2-13)}$$

利用该正交性，可以得到

$$y(n) = \frac{1}{2\pi}\int Y(\omega)e^{j\omega n}d\omega \qquad \text{式 (2-14)}$$

这便是反离散时间傅里叶变换（IDTFT）。

2.2　DTFT 的重要性质

DTFT 的相关性质与 FT 一致，这里简要介绍。多数性质根据 DTFT 的定义，利用变量代换方法即可证明，这里不再证明。

2.2.1 线性性质

给定 $x_1(n)$ 和 $x_2(n)$ 两个序列，给定常数 a 和 b，如果

$$y(n) = ax_1(n) + bx_2(n), \quad \forall n \qquad \text{式 (2-15)}$$

那么

$$Y(\omega) = aX_1(\omega) + bX_2(\omega), \quad \forall \omega \qquad \text{式 (2-16)}$$

2.2.2 时移性质

给定序列 $x(n)$，如果将其进行一定的延迟得到 $y(n)$，即，

$$y(n) = x(n-\tau), \quad \forall n \qquad \text{式 (2-17)}$$

那么

$$Y(\omega) = X(\omega)\mathrm{e}^{-\mathrm{j}\omega\tau}, \quad \forall \omega \qquad \text{式 (2-18)}$$

由此可见，时延对应的是频域的相移。

2.2.3 频移性质

给定序列 $x(n)$，如果将其乘以一个复指数信号 $\mathrm{e}^{\mathrm{j}\omega_0 n}$，即，

$$y(n) = x(n)\mathrm{e}^{\mathrm{j}\omega_0 n}, \quad \forall n \qquad \text{式 (2-19)}$$

那么

$$Y(\omega) = X(\omega - \omega_0), \quad \forall \omega \qquad \text{式 (2-20)}$$

也就是说，时域乘以一个复指数信号 $\mathrm{e}^{\mathrm{j}\omega_0 n}$ 可以实现频谱的频移，频移量是 ω_0。

2.2.4 时域卷积定理

给定 $x_1(n)$ 和 $x_2(n)$ 两个序列，如果

$$y(n) = x_1(n) * x_2(n), \quad \forall n \qquad \text{式 (2-21)}$$

那么

$$Y(\omega) = X_1(\omega)X_2(\omega), \quad \forall \omega \qquad \text{式 (2-22)}$$

也就是说，时域卷积对应频域乘积。

利用这个性质，我们可以利用时域卷积或频域乘积操作实现滤波。假设观测信号是 $y(n)$，滤波器的系数是 $h(n)$，滤波器的输出是 $z(n)$，那么有如下结论。

$$Z(\omega)=Y(\omega)H(\omega),\quad \forall\omega \qquad \text{式 (2-23)}$$

通过设计 $H(\omega)$，可使 $H(\omega)$ 在噪声频段上接近数值 0，即可抑制滤波器输出中的噪声分量。

2.2.5 频域卷积定理

给定 $x_1(n)$ 和 $x_2(n)$ 两个序列，如果

$$y(n)=x_1(n)x_2(n),\quad \forall n \qquad \text{式 (2-24)}$$

那么

$$Y(\omega)=\frac{1}{2\pi}X_1(\omega)*X_2(\omega),\quad \forall\omega \qquad \text{式 (2-25)}$$

也就是说，时域乘积对应频域的卷积。

该性质可以用于分析和理解加窗（例如，信号截断[①]）对信号频谱的影响。

2.3 离散傅里叶变换

DTFT 能够通过对序列进行变换得到信号的频谱，但是 DTFT 的角频率还是在连续域，不便于计算机计算。与离散时间傅里叶变换（DTFT）相比，离散傅里叶变换（DFT）有以下两点不同。

- 频率是离散的。
- 信号 $y(n)$ 的长度是有限的，一般取 $n=0,1,2,\cdots,N-1$。

2.3.1 DFT 的定义

由于 DTFT 是以 2π 为周期的函数，所以我们可以对其在 $[0,2\pi)$ 上等间隔采样，获得离散的频谱。如果总共有 K 个采样点，那么第 k 个采样点对应的频谱如下。

$$Y(k)=\sum_{n=0}^{N-1}y(n)\mathrm{e}^{-\mathrm{j}2\pi\frac{k}{K}n},\quad k=0,1,2,\cdots,K-1 \qquad \text{式 (2-26)}$$

这就是 DFT。

DFT 实际上是对 DTFT 进行等间隔采样。一般来讲，频域采样的点数要大于信号的长度，即 $K\geqslant N$。K 越大，频谱采样越密集，所能展现的细节越多。频谱采样示意如图 2-3 所示。

① 截取一段信号通常可以看作对原来的信号做一个加窗处理。

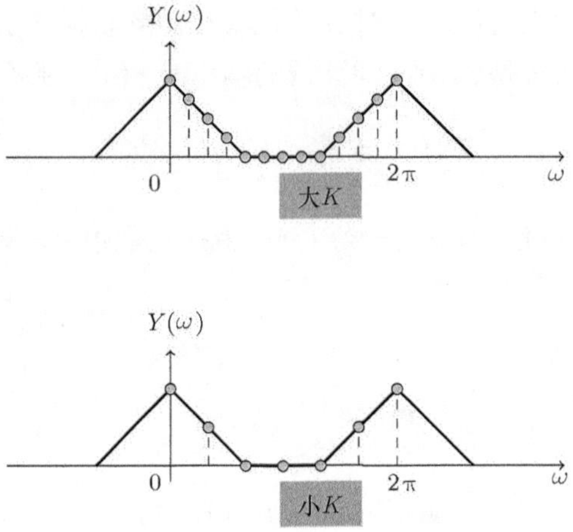

图 2-3　频谱采样示意

2.3.2　基函数的正交性

DFT 的基函数同样满足正交性，具体如下。

$$\frac{1}{K}\sum_{k=0}^{K-1}\mathrm{e}^{-\mathrm{j}2\pi\frac{k}{K}(n-m)}=\begin{cases}1, & |n-m|=iK\\ 0, & \text{其他}\end{cases} \quad \text{式 (2-27)}$$

$$=\sum_{i=-\infty}^{\infty}\delta(n-m-iK) \quad \text{式 (2-28)}$$

这里的正交性与 FT 和 DTFT 里面用到的正交性略有不同，这里对级数求和的上下限是有限的，右边也不是一个 $\delta(\cdot)$ 函数。

2.3.3　DFT 的反变换

类似于 IFT 和 IDTFT 的推导，我们对式 (2-26) 两边同时乘以 $1/(K\mathrm{e}^{\mathrm{j}2\pi km/K})$，再对 k 求和，可以得到如下结论。

$$\frac{1}{K}\sum_{k=0}^{K-1}Y(k)\mathrm{e}^{\mathrm{j}2\pi\frac{m}{K}k}=\sum_{n=0}^{N-1}y(n)\left[\frac{1}{K}\sum_{k=0}^{K-1}\mathrm{e}^{-\mathrm{j}2\pi\frac{(n-m)}{K}k}\right]$$

$$n=0,1,2,\cdots,N-1 \quad \text{式 (2-29)}$$

- 当 $N\leqslant K$ 时，$\forall n,m$，中括号里面的 $(n-m)$ 都满足 $|n-m|<K$；利用正交性，中括号里面就是 $\delta(n-m)$，由此可得到如下结论。

$$y(m)=\frac{1}{K}\sum_{k=0}^{K-1}Y(k)\mathrm{e}^{\mathrm{j}2\pi\frac{m}{K}k},\quad m=0,1,2,\cdots,N-1 \quad \text{式 (2-30)}$$

这便是反傅里叶变换。

- 当 $N > K$ 时，式 (2-29) 中括号里面是一系列脉冲串，由此可得如下结论。

$$\frac{1}{K}\sum_{k=0}^{K-1} Y(k)\mathrm{e}^{\mathrm{j}2\pi\frac{m}{K}k} = \sum_{n=0}^{N-1} y(n)\sum_{i=-\infty}^{\infty}\delta(n-m-iK) \qquad 式 (2-31)$$

$$= \sum_{i=-\lfloor m/K\rfloor}^{\lfloor (N-1-m)/K\rfloor} y(m+iK) \qquad 式 (2-32)$$

即，

$$\frac{1}{K}\sum_{k=0}^{K-1} Y(k)\mathrm{e}^{\mathrm{j}2\pi\frac{n}{K}k} = \sum_{i=-\lfloor n/K\rfloor}^{\lfloor (N-1-n)/K\rfloor} y(n+iK),\quad n=0,1,2,\cdots,N-1 \qquad 式 (2-33)$$

式 (2-33) 左边是反傅里叶变换。对该式中的 $Y(k)$ 做反傅里叶变换并不能还原原始序列，得到的序列每一个值是多个原始序列值的叠加，这种现象叫作时域“混叠”。

2.3.4　简要总结

根据 DFT 的定义，给定任意序列 $y(n)$，假设傅里叶变换的长度 K，工程上我们即可计算出原始信号的频谱，也可获得观测信号能量在不同频段的分布情况。

- 由于 $Y(k)$ 是对 $Y(\omega)$ 进行离散采样，所以我们看到的只是频谱的部分信息。
- 为了获得更多的频谱细节，需要增加频率采样的点数（即傅里叶变换的长度 K），这样等价于对原始序列补零，然后再做 DFT。
- 需要注意的是，只增加频率采样的点数，并不能提升频谱分析的物理分辨率，物理分辨率由信号的分析长度而定。
- 当 $N > K$ 时，我们无法利用 IDFT 完整恢复出原始序列，只能得到“混叠”的信号。
- 依据 $\omega = \Omega T_s = 2\pi k/K$，可进行模拟频率和数字频率之间换算。

另外，DFT 存在快速计算方法，即著名的快速傅里叶变换（Fast Fourier Transform，FFT），可以十分高效地计算信号的频谱，感兴趣的读者可以参考阅读数字信号处理相关书籍。

2.4　DFT 简洁描述

我们暂且不考虑 $K < N$ 的情况，只考虑 $K \geqslant N$ 的情况。

实际上，对应 $K > N$ 的情况，完全可以对 $y(n)$ 进行补零操作，使补零后的长度 N 与 K 相等。因此，我们通常假定 $K = N$。

总结一下，DFT 和 IDFT 的定义分别如下。

$$Y(k) = \sum_{n=0}^{N-1} y(n)\mathrm{e}^{-\mathrm{j}2\pi\frac{k}{K}n},\quad k=0,1,2,\cdots,K-1 \qquad 式 (2-34)$$

$$y(n)=\frac{1}{K}\sum_{k=0}^{K-1}Y(k)\mathrm{e}^{\mathrm{j}2\pi\frac{n}{K}k},\quad n=0,1,2,\cdots,N-1 \qquad \text{式 (2-35)}$$

如果定义一个 $K\times K$ 维的傅里叶变换矩阵 $\mathbf{F}$

$$[\mathbf{F}]_{i,j}=\mathrm{e}^{-\mathrm{j}2\pi\frac{ij}{K}},\quad \forall i,\ j=0,\ 1,\ \cdots,\ K-1 \qquad \text{式 (2-36)}$$

则可将 DFT 和 IDFT 简洁地表示如下。

$$\begin{bmatrix} Y(0)\\ Y(1)\\ \cdots\\ Y(K-1)\end{bmatrix}=\mathbf{F}\begin{bmatrix} y(0)\\ y(1)\\ \cdots\\ y(K-1)\end{bmatrix}, \qquad \text{式 (2-37)}$$

$$\begin{bmatrix} y(0)\\ y(1)\\ \cdots\\ y(K-1)\end{bmatrix}=\frac{1}{K}\mathbf{F}^{*}\begin{bmatrix} Y(0)\\ Y(1)\\ \cdots\\ Y(K-1)\end{bmatrix} \qquad \text{式 (2-38)}$$

当序列的长度不够时，我们通常在序列后面补零，在反傅里叶变换后取前面的数据即可。

2.5 DFT 的性质

FT 和 DTFT 有很多非常有用的性质。但是对于 DFT，由于信号的时长有限，正交性不同，所以很多 FT 和 DTFT 的性质不能直接推广到 DFT。

2.5.1 工具①：周期延拓序列与主值序列

给定一个序列 $y(n)$，$n=0,1,2,\cdots,N-1$，我们可以定义出一个周期序列，具体如下。

$$\widetilde{y}_{Ⓚ}(n)=y(n)*\sum_{i=-\infty}^{\infty}\delta(n-iK) \qquad \text{式 (2-39)}$$

$$=\sum_{i=-\infty}^{\infty}y(n-iK) \qquad \text{式 (2-40)}$$

这个序列就叫 $y(n)$ 的周期延拓序列。它的物理意义就是将原来的 $y(n)$ 按 K 为周期进行“平移”和“叠加”，这两个操作与分析抽样定理时的操作是一样的。

方便起见，我们定义一个长度为 K 的矩形窗函数 $\psi_K(n)$，

$$\psi_K(n)=\begin{cases}1, & 0\leqslant n\leqslant K-1\\ 0, & \text{其他}\end{cases} \qquad \text{式 (2-41)}$$

将窗函数与周期延拓序列相乘便可得到主值序列，具体如下。

$$y'(n) = \widetilde{y}_{Ⓚ}(n)\psi_K(n), \quad n = 0, 1, 2, \cdots, K-1 \qquad 式 (2\text{-}42)$$

该序列就是信号的主值序列。

提取主值序列可看作对原始序列做一个函数变换，将一个长度为 N 的序列变成一个长度为 K 的序列。这个变换对信号的改变分为以下 3 种情况。

- 当 $N = K$ 时，$y'(n) = y(n)$，原序列和生成的主值序列相同。
- 当 $N < K$ 时，$y'(n) = y(n)$，$\forall n = 0, 1, 2, \cdots, N-1$，生成的主值序列可以看作对原序列进行补零操作。
- 当 $N > K$ 时，时域混叠后做截取操作，满足 $y'(n) = y(n)$。

两种情况下“周期延拓 + 主值提取”示例如图 2-4 所示。

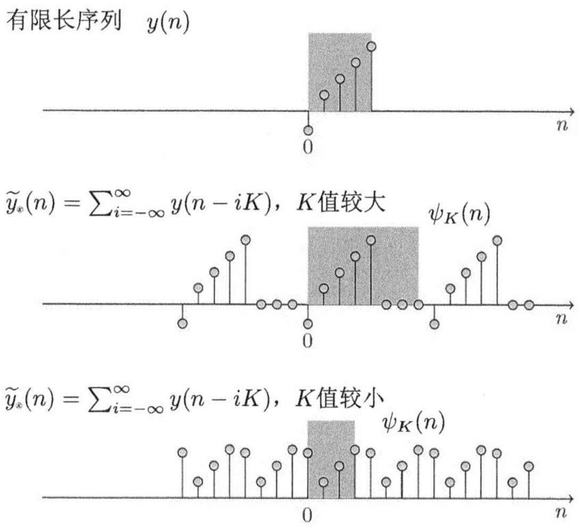

图 2-4 两种情况下“周期延拓 + 主值提取”示例

如果将“周期延拓 + 主值提取”当成一个变换，利用这个变换，可以获得一系列频谱分析的性质。

2.5.2 线性性质

给定 $x_1(n)$ 和 $x_2(n)$ 两个有限长的序列，如果

$$y(n) = ax_1(n) + bx_2(n), \quad n = 0, 1, 2, \cdots, N-1 \qquad 式 (2\text{-}43)$$

那么

$$Y(k) = aX_1(k) + bX_2(k), \quad k = 0, 1, 2, \cdots, K-1 \qquad 式 (2\text{-}44)$$

2.5.3 时域循环移位定理

给定 $x(n)$，$\forall n=0,1,2,\cdots,N-1$，如果 $y(n)$ 是其周期延拓序列经过时延后提取出的主值序列，也就是说，

$$y(n)=\widetilde{x}_{Ⓚ}(n-m)\psi_K(n),\quad n=0,1,2,\cdots,K-1 \qquad \text{式 (2-45)}$$

那么

$$Y(k)=X(k)\mathrm{e}^{-\mathrm{j}2\pi\frac{k}{K}m},\quad k=0,1,2,\cdots,K-1 \qquad \text{式 (2-46)}$$

其中，$X(k)$ 和 $Y(k)$ 分别是对 $x(n)$ 和 $y(n)$ 做 K 点的离散傅里叶变换。也就是说，时域的时延等价于频域的相移。循环移位示意如图 2-5 所示。

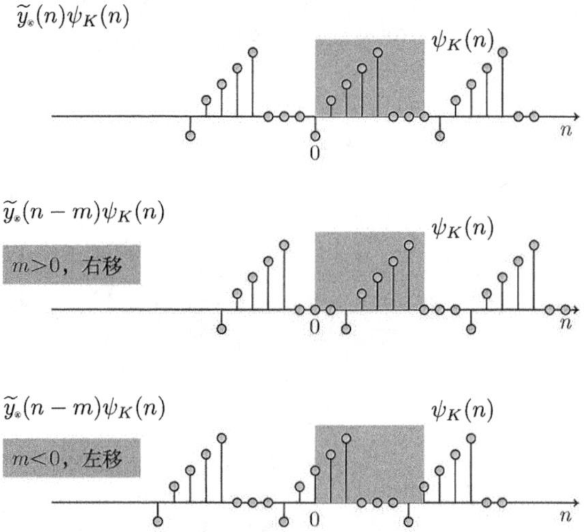

图 2-5 循环移位示意

如果两个信号是一个时延的关系，且周期延拓的周期 K 大于信号的时延量加上信号的长度，那么两个信号对应的主值序列还是一个时延的关系。为了分析时延信号的关系，要求傅里叶变换的长度大于信号的长度加上时延量。

2.5.4 频域循环移位定理

给定 $x(n)$ 的 K 点傅里叶变换 $X(k)$，$k=0,1,2,\cdots,K-1$，如果

$$Y(k)=\widetilde{X}_{Ⓚ}(k-\ell)\psi_K(k),\quad k=0,1,2,\cdots,K-1 \qquad \text{式 (2-47)}$$

那么

$$y(n)=x(n)\mathrm{e}^{\mathrm{j}2\pi\frac{\ell}{K}n},\quad n=0,1,2,\cdots,K-1 \qquad \text{式 (2-48)}$$

也就是说，频谱搬移等价于时域上乘以一个复指数信号。

2.5.5 循环卷积定理

给定 $x_1(n)$，$\forall n=0,1,2,\cdots,L_1-1$，和 $x_2(n)$，$\forall n=0,1,2,\cdots,L_1-1$，同时设定 $K \geqslant \max(L_1,\ L_2)$，循环卷积的算法如下：先对一个序列进行周期延拓，然后再将周期延拓后的序列卷积上另外一个序列，最后将得到的序列提取主值，就实现了循环卷积操作。具体而言：

$$y(n)=x_1(n)\circledast x_2(n) \quad 式 (2\text{-}49)$$

$$=\left[x_1(n)*\widetilde{x}_{2,Ⓚ}(n)\right]\psi_K(n) \quad 式 (2\text{-}50)$$

$$=\left[\sum_{i=0}^{K-1}x_1(i)\widetilde{x}_{2,Ⓚ}(n-i)\right]\psi_K(n),\quad n=0,1,2,\cdots,K-1 \quad 式 (2\text{-}51)$$

相应信号在频域满足如下关系：

$$Y(k)=X_1(k)X_2(k),\quad k=0,1,2,\cdots,K-1 \quad 式 (2\text{-}52)$$

也就是说，时域循环卷积对应频域乘积。

同理，频域的循环卷积对应时域的乘积。也就是说，如果 $y(n)=x_1(n)x_2(n)$，那么

$$Y(k)=X_1(k)\circledast X_2(k),\quad k=0,1,2,\cdots,K-1 \quad 式 (2\text{-}53)$$

这个性质可以用来理解序列加窗/截断对频谱的影响，相当于将本身的频谱卷积上“窗函数频谱的周期延拓”。

可以验证，当 $K \geqslant L_1+L_2-1$ 时，时域循环卷积与线性卷积等价。利用这个性质，我们可以对 $x_1(n)$ 和 $x_2(n)$ 进行补零操作，对补零后的序列做傅里叶变换，然后将傅里叶变换相乘，最后再做反傅里叶变换，这样可以实现线性卷积的快速计算。

2.6 问题

1. 给定信号的抽样频率 $f_s=48$ kHz，试给出 $f=1$ kHz 对应的数字角频率（0 到 π 之间的一个数）。
2. 给定有限长序列 $x(n)$ 和 $h(n)$，试写出计算两个序列循环卷积的步骤。
3. 如果保证循环卷积的主值序列与线性卷积相同，给出循环卷积关键参数 K 的最小值。
4. 利用时域循环卷积对应频域乘积、结合循环卷积和线性卷积的关系，试给出基于 FFT 的线性卷积快速算法。

5. 给定序列 $x(n)$，$n=0$，1，$\cdots$，L_1-1 和 $y(n)$，$n=0,1,2,\cdots,L_2-1$，其相关函数的定义如下：

$$r(\tau)=\sum_{n} x(n)y(n-\tau) \qquad \text{式 (2-54)}$$

试给出利用 FFT 计算 $r(\tau)$ 的快速算法。

第 3 章　$\mathcal{Z}$ 变换

$\mathcal{Z}$ 变换是分析离散系统的基本工具。从系统的 $\mathcal{Z}$ 域表示可以直接判定系统的因果性、稳定性等重要特性。本章主要介绍 $\mathcal{Z}$ 变换，具体包括如下内容。

- $\mathcal{Z}$ 变换的定义、性质，反 $\mathcal{Z}$ 变换的定义等。
- $\mathcal{Z}$ 变换的收敛域。
- 差分方程的 $\mathcal{Z}$ 变换，阐明 $\mathcal{Z}$ 变换的意义，即“分析离散系统”。
- $\mathcal{Z}$ 变换和傅里叶变换的关系，明确 $\mathcal{Z}$ 变换与系统频率响应函数的关系。

3.1　$\mathcal{Z}$ 变换的定义

因为 $\mathcal{Z}$ 变换是分析离散系统的重要工具，不同于傅里叶变换中的 Ω 和 ω，$\mathcal{Z}$ 变换中的 $\mathcal{Z}$ 是一个复数。

- $\mathcal{Z}$ 变换可以看作 DTFT 的推广。
- 利用 $\mathcal{Z}$ 变换可以快速求解差分方程。
- 利用 $\mathcal{Z}$ 变换可以分析系统的稳定性。
- 利用 $\mathcal{Z}$ 变换可以快速求解系统的频率响应特性（简称为频响）。

3.1.1　$\mathcal{Z}$ 变换的定义

给定序列 $h(n)$，它的 $\mathcal{Z}$ 变换定义如下。

$$H(\mathcal{Z}) = \sum_{n=-\infty}^{\infty} h(n)\mathcal{Z}^{-n} \qquad \text{式 (3-1)}$$

其中，$\mathcal{Z}$ 是一个复数。

一般情况下，序列的 $\mathcal{Z}$ 变换可以利用数列的求和公式进行化简。

3.1.2　正交性

根据柯西公式，利用围线积分，有如下结论。

$$\frac{1}{2\pi \mathrm{j}}\oint \mathcal{Z}^{n-m-1}\mathrm{d}\mathcal{Z} = \delta(m-n) \qquad \text{式 (3-2)}$$

利用这个正交性，可以推导反 $\mathcal{Z}$ 变换。

3.1.3 反 $\mathcal{Z}$ 变换

根据柯西公式提供的正交性，可以得出以下结论。

$$h(n)=\frac{1}{2\pi\mathrm{j}}\oint H(\mathcal{Z})\mathcal{Z}^{n-1}\mathrm{d}\mathcal{Z} \qquad \text{式 (3-3)}$$

这就是反 $\mathcal{Z}$ 变换。

反 $\mathcal{Z}$ 变换需要求解围线积分，可利用留数定理求解，也可将 $H(\mathcal{Z})$ 分解成一系列单极点的形式，利用 $\mathcal{Z}$ 变换的性质和常用的 $\mathcal{Z}$ 变换对来求解。

3.2 $\mathcal{Z}$ 变换收敛域

由于 $\mathcal{Z}$ 变换关心的是整个复数平面，所以对于复平面上有些点，会存在 $|H(\mathcal{Z})|=\infty$ 的情况，这些点称为 $|H(\mathcal{Z})|$ 的极点（系统的极点）；同样，还存在一些 $|H(\mathcal{Z})|=0$ 的情况，我们把这样的点称为零点。一般来讲，$H(\mathcal{Z})$ 可以表示如下。

$$H(\mathcal{Z})=\frac{B(\mathcal{Z})}{A(\mathcal{Z})} \qquad \text{式 (3-4)}$$

其中，$B(\mathcal{Z})$ 和 $A(\mathcal{Z})$ 是关于 $\mathcal{Z}$ 的多项式。方便起见，我们做如下定义。

- 定义 $H(\mathcal{Z})$ 极点为 μ_i ($i=0，1，2，\cdots，I-1$)，每个极点的重数为 $r_{\mathrm{p};\,i}$，

$$A(\mathcal{Z})=\prod_{i=0}^{I-1}(\mathcal{Z}-\mu_i)^{r_{\mathrm{p};\,i}} \qquad \text{式 (3-5)}$$

- 定义 $H(\mathcal{Z})$ 零点为 ξ_i ($i=0，1，2，\cdots，J-1$)，每个零点的重数为 $r_{\mathrm{z};\,i}$，

$$B(\mathcal{Z})=\prod_{i=0}^{J-1}(\mathcal{Z}-\xi_i)^{r_{\mathrm{z};\,i}} \qquad \text{式 (3-6)}$$

在零点和极点的定义下，$H(\mathcal{Z})$ 可以写成如下形式。

$$H(\mathcal{Z})=H_0\frac{\prod_{i=0}^{J-1}(\mathcal{Z}-\xi_i)^{r_{\mathrm{z};\,i}}}{\prod_{i=0}^{I-1}(\mathcal{Z}-\mu_i)^{r_{\mathrm{p};\,i}}} \qquad \text{式 (3-7)}$$

对于 $|H(\mathcal{Z})|=\infty$ 的点，我们称为 $\mathcal{Z}$ 变换在这个点上不收敛。为了完整地描述一个 $\mathcal{Z}$ 变换，我们通常需要定义它的收敛域。收敛域一般描述如下。

$$R_{\min}<|\mathcal{Z}|<R_{\max} \qquad \text{式 (3-8)}$$

由于 $\mathcal{Z}$ 是一个复数，$|\mathcal{Z}|=R$ 实际上描述的是一个复平面上的环。因此，从式 (3-8) 可知，$\mathcal{Z}$ 变换的收敛域是通过 $\mathcal{Z}$ 平面的两个环去刻画的。

在介绍收敛域之前，我们先来看 4 类典型的序列，如图 3-1 所示。

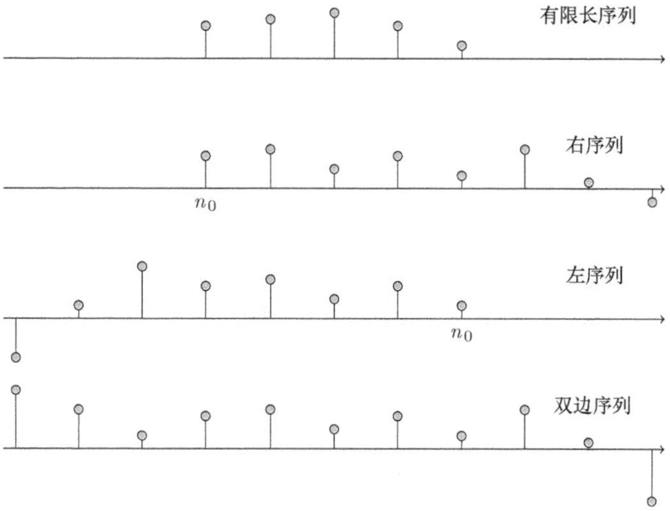

图 3-1 4 类典型的序列

3.2.1 有限长序列的收敛域

对于有限长序列，不存在除了 0 和 ∞ 之外的极点，根据 $\mathcal{Z}$ 变换的定义，有如下几种情况。

- 当存在 $n > 0$，$h(n) \neq 0$ 的情况时，相应的 $\mathcal{Z}^{-n}|_{\mathcal{Z}=0} = \infty$，$\forall n > 0$。也就是说，收敛域不包含原点，收敛域的一部分可以描述如下。

$$|\mathcal{Z}| > 0 \tag*{式 (3-9)}$$

- 当存在 $n < 0$，$h(n) \neq 0$ 的情况时，相应的 $\mathcal{Z}^{-n} = \mathcal{Z}^{|n|}|_{\mathcal{Z}=\infty} = \infty$，$\forall n < 0$。也就是说，收敛域不包含无穷远点；收敛域的一部分可以描述如下。

$$|\mathcal{Z}| < \infty \tag*{式 (3-10)}$$

根据序列的性质，可以通过上面两个准则具体判定。

3.2.2 右序列的收敛域

右序列定义为：$h(n) = 0$，$\forall n < n_0$。对应的 $H(\mathcal{Z})$ 可以表示如下。

$$H(\mathcal{Z}) = \sum_{n=n_0}^{\infty} h(n)\mathcal{Z}^{-n} \tag*{式 (3-11)}$$

对于这样的序列，它的收敛域可以表示如下。

$$|\mathcal{Z}| \in (R_{\min}，\infty) \text{ 或者 } |\mathcal{Z}| \in (R_{\min}，\infty] \tag*{式 (3-12)}$$

其中，$R_{\min} = |\mu|_{\max}$ 是极点模值的最大值。

这种情况下，收敛域是否包含无穷远点，要看 n_0 与 0 之间的关系。当 $n_0 < 0$ 时，不包含无穷远点；当 $n_0 \geqslant 0$ 时，包含无穷远点。

右序列的零极点图和收敛域示意如图 3-2 所示。

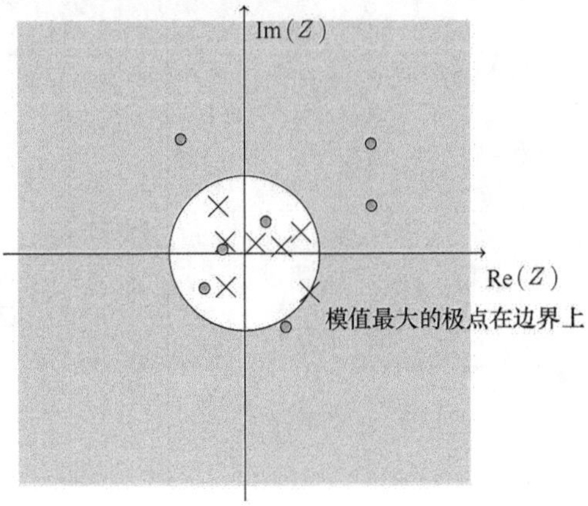

图 3-2　右序列的零极点图和收敛域示意

3.2.3　左序列的收敛域

左序列定义为：$h(n)=0$，$\forall n > n_0$。对应的 $H(\mathcal{Z})$ 可以表示如下。

$$H(\mathcal{Z}) = \sum_{n=-\infty}^{n_0} h(n)\mathcal{Z}^{-n} \quad \text{式 (3-13)}$$

对于这样的序列，它的收敛域可以表示如下。

$$|\mathcal{Z}| \in [0,\ R_{\max}) \text{ 或者 } |\mathcal{Z}| \in (0,\ R_{\max}) \quad \text{式 (3-14)}$$

其中，$R_{\max} = |\mu_{\min}|$ 是极点模值的最小值。

这种情况下，收敛域是否包含原点，要看 n_0 与 0 之间的关系。当 $n_0 > 0$ 时，不包含原点；当 $n_0 \leqslant 0$ 时，包含原点。

左序列的零极点图和收敛域示意如图 3-3 所示。

3.2.4　双边序列的收敛域

双边序列可分解成一个左序列与一个右序列，对应的 $H(\mathcal{Z})$ 可以表示如下。

$$H(\mathcal{Z}) = \sum_{n=-\infty}^{\infty} h(n)\mathcal{Z}^{-n} \quad \text{式 (3-15)}$$

$$= \sum_{n=-\infty}^{-1} h(n)\mathcal{Z}^{-n} + \sum_{n=0}^{\infty} h(n)\mathcal{Z}^{-n} \quad \text{式 (3-16)}$$

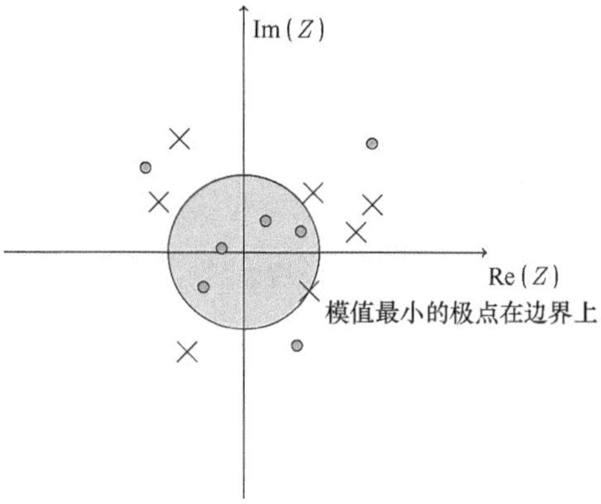

图 3-3 左序列的零极点图和收敛域示意

对于这样的序列，它的收敛域是左序列和右序列的交集，可以表示如下。

$$|Z| \in [0, R_{\max}) \cap (R_{\min}, \infty] \quad \text{式 (3-17)}$$

$$= (R_{\min}, R_{\max}) \quad \text{式 (3-18)}$$

其中，$R_{\min} = |\mu_{\text{right, max}}|$ 由右序列极点模值的最大值刻画，$R_{\max} = |\mu_{\text{left, min}}|$ 由左序列极点模值的最小值刻画。

双边序列的零极点图和收敛域示意如图 3-4 所示。

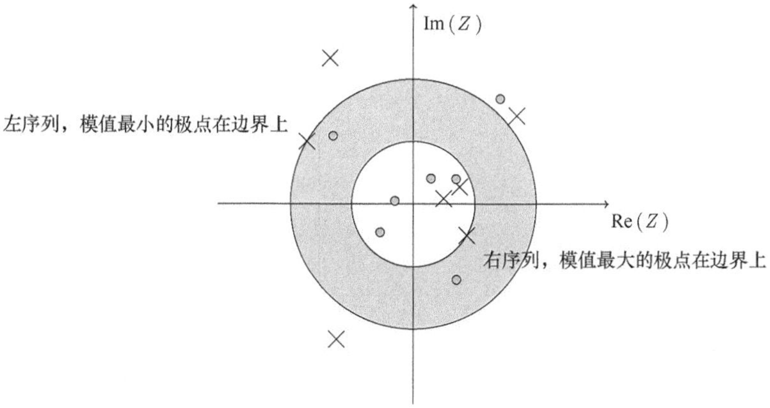

图 3-4 双边序列的零极点图和收敛域示意

3.2.5 序列类型与收敛域的总结

上述小节探讨了有限长序列、左序列、右序列、双边序列的相关内容，它们的收敛域的差异很大。在实际中，根据收敛域即可判定序列的类型。

在实际中，大部分系统是因果系统，对应的 $h(n)$ 属于右序列，或者有限长序列，所以通常情况下，我们探讨的都是右序列，或者是有限长序列。对于这样实际的系统，它的收敛域通常描述如下。

$$|\mathcal{Z}| \in (R_{\min}, \infty] \quad 式(3\text{-}19)$$

或者更一般地，

$$|\mathcal{Z}| > R_{\min} \quad 式(3\text{-}20)$$

其中，$R_{\min} = |\mu_{\max}|$ 是因果系统中所有极点中的最大值。

3.3 $\mathcal{Z}$ 变换的性质

不同的序列可能会对应相同的 $\mathcal{Z}$ 变换，我们在给出 $\mathcal{Z}$ 变换的时候，一定要给出它的收敛域；在分析性质的时候，也一定要给出对应的收敛域。

3.3.1 线性性质

利用 $\mathcal{Z}$ 变换的定义，很容易证明线性性质。给定序列 $h_1(n)$ 和 $h_2(n)$、两个常数 a 和 b，以及如下公式。

$$H_1(\mathcal{Z}), \ \forall|\mathcal{Z}| \in (R_{1,\min}, R_{1,\max}) \quad 式(3\text{-}21)$$

$$H_2(\mathcal{Z}), \ \forall|\mathcal{Z}| \in (R_{2,\min}, R_{2,\max}) \quad 式(3\text{-}22)$$

如果 $h(n) = ah_1(n) + bh_2(n)$，那么

$$H(\mathcal{Z}) = aH_1(\mathcal{Z}) + bH_2(\mathcal{Z}), \ \forall|\mathcal{Z}| \in (R_{\min}, R_{\max}) \quad 式(3\text{-}23)$$

其中，

$$R_{\min} = \max(R_{1,\min}, R_{2,\min}) \quad 式(3\text{-}24)$$

$$R_{\max} = \min(R_{1,\max}, R_{2,\max}) \quad 式(3\text{-}25)$$

也就是说，线性组合序列的收敛域是两个序列收敛域的交集。

3.3.2 时域卷积定理

给定序列 $h_1(n)$ 和 $h_2(n)$，以及对应的 $\mathcal{Z}$ 变换。

$$H_1(\mathcal{Z}), \ \forall|\mathcal{Z}| \in (R_{1,\min}, R_{1,\max}) \quad 式(3\text{-}26)$$

$$H_2(\mathcal{Z}), \ \forall|\mathcal{Z}| \in (R_{2,\min}, R_{2,\max}) \quad 式(3\text{-}27)$$

如果 $h(n) = h_1(n) * h_2(n)$，那么

$$H(\mathcal{Z}) = H_1(\mathcal{Z})H_2(\mathcal{Z}), \ \forall|\mathcal{Z}| \in (R_{\min}, R_{\max}) \quad 式(3\text{-}28)$$

其中，

$$R_{\min} = \max(R_{1,\min}, R_{2,\min}) \quad 式(3\text{-}29)$$

$$R_{\max} = \min(R_{1,\max}, R_{2,\max}) \quad 式(3\text{-}30)$$

也就是说，时域卷积对应 $\mathcal{Z}$ 域乘积，相应的收敛域是两个收敛域的交集。

3.3.3 序列移位性质

给定序列 $h(n)$ 和它的 $\mathcal{Z}$ 变换，即

$$H(\mathcal{Z}), \quad \forall|\mathcal{Z}| \in (R_{\min}, R_{\max}) \quad 式(3\text{-}31)$$

如果将序列进行移位，得到新的序列 $h(n-\tau)$，那么新的序列对应的 $\mathcal{Z}$ 变换如下。

$$\mathcal{Z}^{-\tau}H(\mathcal{Z}), \quad \forall|\mathcal{Z}| \in (R_{\min}, R_{\max}) \quad 式(3\text{-}32)$$

3.3.4 序列乘以指数序列的性质

给定序列 $h(n)$ 和它的 $\mathcal{Z}$ 变换，即

$$H(\mathcal{Z}), \quad \forall|\mathcal{Z}| \in (R_{\min}, R_{\max}) \quad 式(3\text{-}33)$$

如果将序列乘以指数序列 a^n，得到新的序列 $a^n h(n)$，那么新的序列对应的 $\mathcal{Z}$ 变换如下。

$$H(a^{-1}\mathcal{Z}), \quad \forall|\mathcal{Z}| \in (|a|R_{\min}, |a|R_{\max}) \quad 式(3\text{-}34)$$

该性质利用变量代换法，结合 $\mathcal{Z}$ 变换的定义即可证明。

3.3.5 序列乘以 n 的性质

给定序列 $h(n)$ 和它的 $\mathcal{Z}$ 变换，即

$$H(\mathcal{Z}), \quad \forall|\mathcal{Z}| \in (R_{\min}, R_{\max}) \quad 式(3\text{-}35)$$

如果将序列乘以指数序列 n，得到新的序列 $nh(n)$，那么新的序列对应的 $\mathcal{Z}$ 变换如下。

$$-\mathcal{Z}\frac{\partial H(\mathcal{Z})}{\partial \mathcal{Z}}, \quad \forall|\mathcal{Z}| \in (R_{\min}, R_{\max}) \quad 式(3\text{-}36)$$

该性质建立了 $\mathcal{Z}$ 域微分与时域乘积的关系，这个性质有时可以化简反 $\mathcal{Z}$ 变换的求解。

3.4 用 $\mathcal{Z}$ 变换描述和分析系统

如果系统为线性系统，则可将系统描述成如下的差分方程。

$$y(n)+\sum_{i=1}^{L_a-1}a(i)y(n-i)=\sum_{i=0}^{L_b-1}b(i)x(n-i),\ \forall n \qquad 式 (3\text{-}37)$$

其中，$x(n)$ 为系统的输入信号，$y(n)$ 为系统的输出信号，$\{a(i)\}$ 和 $\{b(i)\}$ 为两组实系数。

3.4.1 零状态响应

在零状态的条件下，$y(n)=0$，$\forall n<0$。在这种条件下，对式 (3-38) 两边同时做 $\mathcal{Z}$ 变换，可以得到：

$$Y(\mathcal{Z})+\sum_{i=1}^{L_a-1}a(i)\mathcal{Z}^{-i}Y(\mathcal{Z})=\sum_{i=0}^{L_b-1}b(i)\mathcal{Z}^{-i}X(\mathcal{Z}) \qquad 式 (3\text{-}38)$$

即，

$$Y(\mathcal{Z})\left[1+\sum_{i=1}^{L_a-1}a(i)\mathcal{Z}^{-i}\right]=\left[\sum_{i=0}^{L_b-1}b(i)\mathcal{Z}^{-i}\right]X(\mathcal{Z}) \qquad 式 (3\text{-}39)$$

如果定义①，

$$\begin{aligned}H(\mathcal{Z}) &\triangleq \frac{\sum_{i=0}^{L_b-1}b(i)\mathcal{Z}^{-i}}{1+\sum_{i=1}^{L_a-1}a(i)\mathcal{Z}^{-i}} \\ &= H_0\frac{\prod_{i=0}^{J-1}(\mathcal{Z}-\xi_i)^{r_{\mathrm{z};i}}}{\prod_{i=0}^{I-1}(\mathcal{Z}-\mu_i)^{r_{\mathrm{p};i}}}\end{aligned} \qquad 式 (3\text{-}40)$$

则有，

$$Y(\mathcal{Z})=H(\mathcal{Z})X(\mathcal{Z}) \qquad 式 (3\text{-}41)$$

也就是说，$\mathcal{Z}$ 域系统的输出等于输入和系统的乘积。利用时域卷积性质，系统的输出等于输入卷积上系统的冲激响应，也即 $H(\mathcal{Z})$ 的反 $\mathcal{Z}$ 变换。

系统的零极点描述方法示意如图 3-5 所示。

① 式 (3-40) 是 $H(\mathcal{Z})$ 的零极点表示形式，后面会有详细的分析。

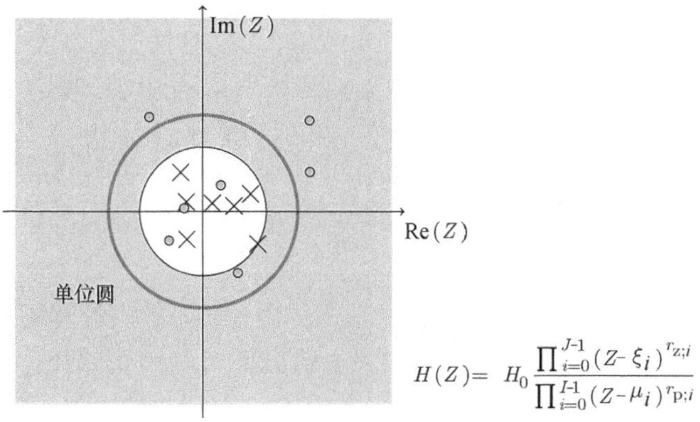

图 3-5　系统的零极点描述方法示意

3.4.2　系统全响应

系统的全响应由零输入响应和零状态响应构成。在分析系统的零输入响应时，通常还要考虑系统的初始条件。对于 L_a 阶的差分方程，初始条件为 $y(n)$，$n=-L_a$，$-L_a+1$，$\cdots$，-1。给定初始条件下，系统的全响应如下。

$$Y(\mathcal{Z})=\frac{\sum_{i=0}^{L_b-1}b(i)\mathcal{Z}^{-i}}{1+\sum_{i=1}^{L_a-1}a(i)\mathcal{Z}^{-i}}X(\mathcal{Z})-\frac{\sum_{i=1}^{L_b-1}a(i)\mathcal{Z}^{-i}\sum_{j=-i}^{-1}y(j)\mathcal{Z}^{-j}}{1+\sum_{i=1}^{L_a-1}a(i)\mathcal{Z}^{-i}} \qquad \text{式 (3-42)}$$

$$=H(\mathcal{Z})X(\mathcal{Z})-\frac{\sum_{i=1}^{L_b-1}a(i)\mathcal{Z}^{-i}\sum_{j=-i}^{-1}y(j)\mathcal{Z}^{-j}}{1+\sum_{i=1}^{L_a-1}a(i)\mathcal{Z}^{-i}} \qquad \text{式 (3-43)}$$

式 (3-43) 中的第一项是零状态响应，第二项是零输入响应。

研究 $\mathcal{Z}$ 变换的重要目的是研究系统对输入的响应，研究系统的稳定性。因此，通常情况下，在分析系统时，我们只讨论系统的零状态响应。

由于零状态响应由系统的冲激响应卷积上输入而得，所以我们在分析系统的时候，通常只分析系统的冲激响应，也就是 $H(\mathcal{Z})$。

3.4.3　系统的频率响应

回顾 DTFT 的定义，不难发现：

$$H(\omega)=H(\mathcal{Z})|_{\mathcal{Z}=\mathrm{e}^{\mathrm{j}\omega}},\ \forall\omega\in[0,\ 2\pi) \qquad \text{式 (3-44)}$$

由此可见，DTFT 实际上是 $\mathcal{Z}$ 变换在复平面单位圆上的值。因此，如果已知系统的 $\mathcal{Z}$ 变换，则我们可以直接计算系统的频率响应。

从频率响应分析中，我们可以直观地看出系统对输入信号各个频段上信号分量的响应情况。如果有些频段上 $|H(\omega)|$ 的值比较小，那么对应频段上的信号分量就会在系统输出受到抑制。

3.4.4 系统的因果性分析

因果系统是指系统的冲激响应满足 $h(n)=0$，$\forall n<0$。为了理解这个定义，我们首先假设对于某个特殊的系统，存在 $h(n_0)\neq 0$ 且 $n_0<0$，考虑到：

$$y(n)=h(n_0)x(n+|n_0|)+\sum_{i,\ (i\neq n_0)}h(i)x(n-i) \tag{式 (3-45)}$$

显然，$x(n+|n_0|)$ 是当前时刻以后的输入。因此，系统在计算每个输出时会用到以后的输入，也就是说，“没有输入就已经有输出了”。这样的系统为非因果系统。非因果系统物理不可实现，但是对于离散系统，是可以构造的[①]。

3.4.5 系统的稳定性分析

稳定系统的定义是输入有界时，输出也有界。对于有差分方程描述的系统，系统的收敛域如果能包含单位圆，则系统就是稳定的。

因果系统对应的序列属于右序列，右序列的收敛域如下。

$$|\mathcal{Z}|>R_{\min} \tag{式 (3-46)}$$

而 $R_{\min}$ 是所有极点模值的最大值，即 $|\mu_{\max}|$。收敛域如果想包含单位圆，则所有的极点都应该在单位圆内。因此，因果系统/右序列系统要想稳定，所有的极点都应该在单位圆内。

为了理解系统稳定性，我们分析一个例子：$y(n)-a(1)y(n-1)=x(n)$，其中，$a(1)$ 是实数，对应的 $\mathcal{Z}$ 变换如下。

$$H(\mathcal{Z})=\frac{1}{1-a(1)\mathcal{Z}^{-1}},\quad \forall|\mathcal{Z}|>|a(1)| \tag{式 (3-47)}$$

对应的系统的冲激响应 $h(n)$ 如下。

$$h(n)=\begin{cases}[a(1)]^n, & n\geqslant 0\\ 0, & \text{其他}\end{cases} \tag{式 (3-48)}$$

显然，当 $|a(1)|>1$ 时，$|h(\infty)|$ 趋于无穷大，这样的系统显然是不稳定的；当 $|a(1)|<1$ 时，$|h(\infty)|$ 趋于零，$\sum_{n=0}^{\infty}|h(n)|$ 是有界的，这种情况下，系统是稳定的。

3.4.6 特殊系统

根据零极点分布的特点，我们分析 3 个特殊系统，它们是全通滤波器、梳状滤波器和最小相位滤波器。

① 读者可自行思考，如何利用时延单元，构造非因果系统。

1. 全通滤波器

零极点成对出现，互为倒数。对应的 $H(\mathcal{Z})$ 如下。

$$H(\mathcal{Z}) = \prod_{i=0}^{I-1} \frac{\mathcal{Z}^{-1} - \mu_i}{1 - \mu_i^* \mathcal{Z}^{-1}} \qquad \text{式 (3-49)}$$

可以验证，$|H(\omega)| = 1$，$\forall\omega$，也就是说，滤波器不改变任何频率上信号的幅度，只对相位做一定的改变。

2. 梳状滤波器

零极点均匀分布。对应的 $H(\mathcal{Z})$ 如下。

$$H(\mathcal{Z}) = \frac{1 - \mathcal{Z}^{-N}}{1 - r_0 \mathcal{Z}^{-N}} \qquad \text{式 (3-50)}$$

这个滤波器总共有 N 个零点均匀分布在单位圆上，对应在半径为 r_0 上均匀分布的 N 个极点。通常情况下，取 $0 < r_0 < 1$，r_0 越趋向于 1，梳妆滤波器的零陷越窄。

3. 最小相位滤波器

所有的零点和极点都在单位圆内。

$$H(\mathcal{Z}) = H_0 \frac{\prod_{i=0}^{J-1}(\mathcal{Z} - \xi_i)}{\prod_{i=0}^{I-1}(\mathcal{Z} - \mu_i)} \qquad \text{式 (3-51)}$$

这样的系统是可逆的。也就是说，$1/H(\mathcal{Z})$ 仍然是一个稳定的系统。可以验证，全通滤波器和梳状滤波器都不是最小相位系统。

以上 3 个系统在实际中都有非常广泛的应用。

3.5 问题

1. 给定右序列的 $\mathcal{Z}$ 变换 $H(\mathcal{Z}) = \frac{1}{(1-a_0\mathcal{Z}^{-1})(1-a_1\mathcal{Z}^{-1})}$，给出系统的收敛域、序列 $h(n)$ 的表达式，以及系统稳定的条件。
2. 给定系统 $H(\mathcal{Z}) = \frac{b_0+b_1\mathcal{Z}^{-1}}{(1-a_0\mathcal{Z}^{-1})(1-a_1\mathcal{Z}^{-1})}$，输入 $S(\mathcal{Z})$ 和输出 $X(\mathcal{Z})$，写出系统差分方程。
3. 假定梳状滤波器的阶数 $N = 8$，采样频率 $f_s = 48\text{kHz}$，求解滤波器频率响应为零的频率点。
4. 对于一个零点和极点都不在单位圆上的系统，试将其分解为最小相位系统和全通系统的乘积。
5. 已知一全通系统对应的差分方程中所有系数均为实数，试分析该系统零极点分布的特性。

第 4 章　频响滤波器的设计

滤波的目的是增强观测信号中的期望信号，抑制背景噪声。当噪声和期望信号处于不同的频段时，只要滤波器的频响在期望信号的频段为 1，在噪声频段为 0（或者小于一个很小的数），就能实现高效噪声抑制。本章主要介绍滤波的基本框架和固定响应滤波器的设计方法。

- 介绍滤波的基本框架：无限冲激响应（Infinite Impulse Response，IIR）滤波器和有限冲激响应（Finite Impulse Response，FIR）滤波器；由两类滤波器的 $\mathcal{Z}$ 变换引出两类滤波器的稳定性问题，进而阐述 FIR 滤波器的优势。
- 系统的 $\mathcal{Z}$ 域表示和分析，频域表示和分析。
- 结合滤波系统的频域表示，介绍滤波增强信号的基本原理。
- 介绍线性相位的动机及其构造方法，以及四类线性相位 FIR 滤波器结构。
- 介绍两种 FIR 滤波器的设计方法，回顾模拟频率和数字频率的关系，为实际中利用工具软件设计滤波器打下基础。

4.1　基本滤波框架

根据前面章节的符号定义，我们将观测信号记作 $y(n)$，滤波器的输出为 $z(n)$，滤波器的冲激响应为 $h(n)$。

常用的滤波框架有 FIR 和 IIR 滤波框架两种，以下分别介绍。

4.1.1　IIR 滤波器

IIR 滤波器的输出可以描述如下。

$$z(n)=\sum_{i=0}^{L_b-1} b(i)y(n-i)-\sum_{i=1}^{L_a-1} a(i)z(n-i),\ \forall n \qquad 式 (4\text{-}1)$$

其中，$a(i)$ 和 $b(i)$ 是滤波器的系数。

IIR 滤波器的输出分为两个部分：一部分是对观测信号进行加权求和，$\sum_{i=0}^{L_b-1} b(i)$ $y(n-i)$；另一部分是对过去的输出信号进行加权求和，$\sum_{i=1}^{L_a-1} a(i)\, z(n-i)$。

4.1.2　FIR 滤波器

FIR 滤波器的输出如下。

$$z(n)=\sum_{i=0}^{L_b-1} b(i)y(n-i),\quad \forall n \qquad 式 (4\text{-}2)$$

其中，$b(i)$ 是滤波器的系数。不难分析，FIR 滤波器的冲激响应为 $h(n)=b(n)$。因此，对于 FIR 滤波器，我们通常将系统描述如下。

$$z(n)=\sum_{i=0}^{L_h-1} h(i)y(n-i),\quad \forall n \qquad 式 (4\text{-}3)$$

其中，$h(n)$，$n=0$，1，2，$\cdots$，L_h-1，是 FIR 滤波器的系数。

4.2　变换域下的滤波系统

4.2.1　$\mathcal{Z}$ 域下的滤波系统

1. 对于 IIR 系统

$$Z(\mathcal{Z})=\frac{\sum_{i=0}^{L_b-1} b(i)\mathcal{Z}^{-i}}{1+\sum_{i=1}^{L_a-1} a(i)\mathcal{Z}^{-i}}Y(\mathcal{Z}) \qquad 式 (4\text{-}4)$$

$$=H(\mathcal{Z})Y(\mathcal{Z}) \qquad 式 (4\text{-}5)$$

其中，$H(\mathcal{Z})=\left[\sum_{i=0}^{L_b-1} b(i)\mathcal{Z}^{-i}\right]/\left[1+\sum_{i=1}^{L_a-1} a(i)\mathcal{Z}^{-i}\right]$。

2. 对于 FIR 系统

$$Z(\mathcal{Z})=\sum_{i=0}^{L_b-1} b(i)\mathcal{Z}^{-i}Y(\mathcal{Z}) \qquad 式 (4\text{-}6)$$

$$=\sum_{i=0}^{L_h-1} h(i)\mathcal{Z}^{-i}Y(\mathcal{Z}) \qquad 式 (4\text{-}7)$$

$$=H(\mathcal{Z})Y(\mathcal{Z}) \qquad 式 (4\text{-}8)$$

其中，$h(n)=b(n)$ 是系统的冲激响应，$H(\mathcal{Z})=\sum_{i=0}^{L_h-1} h(i)\mathcal{Z}^{-i}$。

4.2.2　频域下的滤波系统

1. 对于 IIR 系统

$$Z(\omega)=\frac{\sum_{i=0}^{L_b-1} b(i)\mathrm{e}^{-\mathrm{j}\omega i}}{1+\sum_{i=1}^{L_a-1} a(i)\mathrm{e}^{-\mathrm{j}\omega i}}Y(\omega) \qquad 式 (4\text{-}9)$$

$$=H(\omega)Y(\omega) \qquad 式 (4\text{-}10)$$

其中，$H(\omega)=\left[\sum_{i=0}^{L_b-1}b(i)\mathrm{e}^{-\mathrm{j}\omega i}\right]/\left[1+\sum_{i=1}^{L_a-1}a(i)\mathrm{e}^{-\mathrm{j}\omega i}\right]$。

2. 对于 FIR 系统

$$Z(\omega)=\sum_{i=0}^{L_b-1}b(i)\mathrm{e}^{-\mathrm{j}\omega i}Y(\omega) \quad \text{式 (4-11)}$$

$$=\sum_{i=0}^{L_h-1}h(i)\mathrm{e}^{-\mathrm{j}\omega i}Y(\omega) \quad \text{式 (4-12)}$$

$$=H(\omega)Y(\omega) \quad \text{式 (4-13)}$$

其中，$h(n)=b(n)$ 是系统的冲激响应，$H(\omega)=\sum_{i=0}^{L_h-1}h(i)\mathrm{e}^{-\mathrm{j}\omega i}$ 是冲激响应的 DTFT。

4.3 滤波原理

根据离散时间傅里叶变换的反变换，系统的输出可以表示如下。

$$z(n)=\frac{1}{2\pi}\int_{-\pi}^{\pi}Z(\omega)\mathrm{e}^{\mathrm{j}\omega n}\mathrm{d}\omega \quad \text{式 (4-14)}$$

$$=\frac{1}{2\pi}\int_{-\pi}^{\pi}H(\omega)Y(\omega)\mathrm{e}^{\mathrm{j}\omega n}\mathrm{d}\omega \quad \text{式 (4-15)}$$

可以看到，系统的输出是加权复指数信号的积分，复指数信号的分量是 $H(\omega)Y(\omega)$；相对时域观测信号 $y(n)=\frac{1}{2\pi}\int_{-\pi}^{\pi}Y(\omega)\mathrm{e}^{\mathrm{j}\omega n}\mathrm{d}\omega$，复指数信号在各个频段的权值从 $Y(\omega)$ 变成 $H(\omega)Y(\omega)$。

通过设计 $H(\omega)$，我们可以对观测信号各个频段上的信号进行滤除或者保留，从而达到滤波的目的——保留期望信号，滤除噪声信号。

理论上讲，IIR 和 FIR 滤波框架均能实现滤波。但是 IIR 滤波器设计需要考虑稳定性的问题①，实际中用得较多的还是 FIR 滤波框架。因此，本章重点讨论 FIR 滤波器的设计，对 IIR 框架只做简要探讨。

4.4 IIR 滤波器的设计

IIR 滤波器最常见的设计方法是冲激响应不变法和双线性变换法。

在模拟域，描述和分析系统需要用到拉普拉斯变换。方便起见，我们定义模拟系统的拉普拉斯变换为 $H(\mathcal{S})$，其中，$\mathcal{S}$ 也是一个复数变量。

① IIR 滤波器的设计通常借鉴已有的模拟滤波器，利用冲激响应不变法和双线性变换法来设计，感兴趣的读者可以自行研修。

在 $\mathcal{S}$ 域，系统有很多种描述方式，其中一种描述方式如下。

$$H(\mathcal{S})=\frac{\sum_{i=0}^{L_b}b(i)\mathcal{S}^i}{\sum_{i=0}^{L_a}a(i)\mathcal{S}^i} \qquad \text{式 (4-16)}$$

$$=\sum_{i=0}^{I-1}\frac{A_i}{\mathcal{S}-\alpha_i} \qquad \text{式 (4-17)}$$

式 (4-17) 通常是设计数字滤波器需要化简成的方式。

基本思路：利用 $\mathcal{S}$ 变换与 $\mathcal{Z}$ 的关系，将 $H(\mathcal{S})$ 等效的 $H(\mathcal{Z})$ 表达出来，即可完成 IIR 滤波器的设计。

4.4.1　冲激响应不变法

冲激响应不变法利用 $H(\mathcal{S})$ 的极点信息来设计相应的 IIR 滤波器。具体设计 IIR 滤波器的流程如下。

(1) 利用因式分解法，将 $\mathcal{S}$ 域的系统响应分解为：

$$H(\mathcal{S})=\sum_{i=0}^{I-1}\frac{A_i}{\mathcal{S}-\alpha_i} \qquad \text{式 (4-18)}$$

需要注意的是，α_i 通常也是复数。

(2) 式 (4-18) 对应的反 $\mathcal{S}$ 变换（也就是系统的冲激响应）为：

$$h(t)=\sum_{i=0}^{I-1}A_i\mathrm{e}^{\alpha_i t}u(t) \qquad \text{式 (4-19)}$$

其中，$u(t)=1$，$\forall t\geqslant 0$；$u(t)=0$，$\forall t<0$。

(3) 对冲激响应进行间隔为 T_s 的采样，得到：

$$h(n)=\sum_{i=0}^{I-1}A_i\mathrm{e}^{\alpha_i nT_\mathrm{s}}u(n) \qquad \text{式 (4-20)}$$

其中，$u(n)=1$，$\forall n\geqslant 0$；$u(n)=0$，$\forall n<0$。

(4) 对采样后的冲激响应做 $\mathcal{Z}$ 变换，得到：

$$H(\mathcal{Z})=\sum_{i=0}^{I-1}\frac{A_i}{1-\mathrm{e}^{\alpha_i T_\mathrm{s}}\mathcal{Z}^{-1}} \qquad \text{式 (4-21)}$$

这就完成了利用冲激响应不变法设计 IIR 滤波器。

利用冲激响应不变法设计 IIR 滤波器时，先要分解 $H(\mathcal{S})$，然后再将 $\mathcal{S}$ 域的极点 α_i 变换成 $\mathcal{Z}$ 域的极点 μ_i，即：

$$\mu_i=\mathrm{e}^{\alpha_i T_\mathrm{s}},\quad i=0,1,2,\cdots,I-1 \qquad \text{式 (4-22)}$$

然后再根据

$$H(\mathcal{Z}) = \sum_{i=0}^{I-1} \frac{A_i}{1 - \mu_i \mathcal{Z}^{-1}} \qquad \text{式 (4-23)}$$

完成 IIR 滤波器的设计。需要注意的是，数字域到模拟域的滤波器指标按照 $\Omega = \omega / T_s$ 和 $\mathcal{S} = \mathrm{j}\Omega$ 进行换算。

4.4.2 双线性变换法

双线性变换法直接利用如下关系实现 $\mathcal{S}$ 域到 $\mathcal{Z}$ 域的转换。

$$\mathcal{S} = \frac{2}{T_s} \frac{1 - \mathcal{Z}^{-1}}{1 + \mathcal{Z}^{-1}} \qquad \text{式 (4-24)}$$

将式 (4-24) 代入设计好的模拟滤波器 $H(\mathcal{S})$，即可得到 $H(\mathcal{Z})$，从而实现 IIR 滤波器的设计。

由于双线性变换法对应的坐标变换不是一个线性的变换，数字域的滤波器指标与对应模拟域的滤波器指标不是一个线性关系。实际中，可根据期望的模拟域的指标换算到数字域的指标，再将数字域的指标按式 (4-25) 折算回设计模拟滤波器指标。

$$\Omega' = \frac{2}{T_s} \tan \frac{\omega}{2} = 2 f_c \tan \frac{\omega}{2} \qquad \text{式 (4-25)}$$

例如，如果我们需要设计一个低通滤波器，滤波器的截止频率 $f_c = 1000\text{Hz}$，采样频率 $f_s = 8000\text{Hz}$，那么我们对应的数字滤波器的截止频率 $\omega_c = 2\pi f_c / f_s = 0.25\pi$。再将该截止频率按照式 (4-25) 换算回模拟域，即可得到模拟滤波器的截止频率：

$$\begin{aligned} f_c' &= \frac{\Omega_c'}{2\pi} = 2 f_c \tan \frac{\omega}{2} \div 2\pi \\ &= 2 \times 8000 \times \tan(0.125\pi) \div 2\pi = 1054.8 \end{aligned}$$

也就是说，我们在设计模拟滤波器的时候，应该让它的截止频率等于 1054.8Hz，而不是 1000Hz。

本书对 IIR 滤波器只做简要探讨。IIR 滤波器虽然存在不稳定、难以设计等缺点，但是这类系统往往可以具有很小的系统时延；而小的系统时延在 FIR 的滤波框架下有时很难做到。

4.5 线性相位 FIR 滤波器

4.5.1 为什么要做线性相位

FIR 滤波器通常都会引入一个系统时延。但是当滤波器设计不好的时候，各个频率上的信号滞后量是不一样的，这样会使期望信号的波形发生畸变。

由前面的章节分析可知，时域的时延对应频域的相移。如果时延滞后量是 τ_0，那么这个 τ_0 反应到 $H(\omega)$ 的表达式如下。

$$H(\omega) = |H(\omega)|\mathrm{e}^{-\mathrm{j}\omega\tau_0} \quad \text{式 (4-26)}$$

滞后量对应的相位是 $\omega\tau_0$，显然，这个相位 $\omega\tau_0$ 关于 ω 变量，是线性的。

换句话讲，如果我们能够保证滤波器的相位是线性的，那么就能够保证各频率上的信号分量是同步的，也就能够避免波形畸变①。

4.5.2 系统的时延量

给定 FIR 滤波器的长度 L_h，通常情况下，我们都会取系统的时延量如下。

$$\tau_0 = \frac{L_h - 1}{2} \quad \text{式 (4-27)}$$

也就是说，在滤波器设计的时候，我们会将 $H_\mathrm{d}(\omega)\mathrm{e}^{-\mathrm{j}\omega\tau_0}$ 当成设计目标，而非期望的 $H_\mathrm{d}(\omega)$。

4.5.3 利用对称性约束线性相位

先来考虑一个例子。对于 $n = 0, 1, 2, \cdots, (L_h - 1)/2$，都有如下的关系。

$$\begin{aligned}
&\mathrm{e}^{-\mathrm{j}\omega n} + \mathrm{e}^{-\mathrm{j}\omega(L_h-1-n)} \\
&= \mathrm{e}^{-\mathrm{j}\omega\frac{L_h-1}{2}}\left[\mathrm{e}^{-\mathrm{j}\omega n+\mathrm{j}\omega\frac{L_h-1}{2}} + \mathrm{e}^{-\mathrm{j}\omega\frac{L_h-1}{2}+\mathrm{j}\omega n}\right] && \text{式 (4-28)} \\
&= \mathrm{e}^{-\mathrm{j}\omega\tau_0}\left[\mathrm{e}^{-\mathrm{j}\omega n+\mathrm{j}\omega\tau_0} + \mathrm{e}^{-\mathrm{j}\omega\tau_0+\mathrm{j}\omega n}\right] && \text{式 (4-29)} \\
&= \mathrm{e}^{-\mathrm{j}\omega\tau_0}\left[\mathrm{e}^{-\mathrm{j}\omega(n-\tau_0)} + \mathrm{e}^{\mathrm{j}\omega(n-\tau_0)}\right] && \text{式 (4-30)} \\
&= \mathrm{e}^{-\mathrm{j}\omega\tau_0} \cdot 2 \cdot \cos[\omega(n-\tau_0)] && \text{式 (4-31)}
\end{aligned}$$

也就是说，不同的 n 具有相同的相位。这个性质将用来构造线性相位滤波器。

同理，我们还可以推导如下的另外一个关系。

$$\mathrm{e}^{-\mathrm{j}\omega n} - \mathrm{e}^{-\mathrm{j}\omega(L_h-1-n)} = \mathrm{e}^{-\mathrm{j}(\omega\tau_0+\pi/2)} \cdot 2 \cdot \mathrm{j} \cdot \sin[\omega(n-\tau_0)] \quad \text{式 (4-32)}$$

推导过程请读者自行验证。

4.5.4 偶对称、偶数长度滤波器

给定 $h(n)$，$n = 0, 1, 2, \cdots, L_h - 1$。如果 $h(n)$ 满足偶对称，则 $h(n) = h(L_h - 1 - n)$。

① 请读者思考，如果只有两个频率分量，会不会有波形畸变的问题。

当 L_h 是偶数，可以验证，

$$H(\omega) = \sum_{n=0}^{L_h-1} h(n)\mathrm{e}^{-\mathrm{j}\omega n} \qquad 式 (4\text{-}33)$$

$$= \sum_{n=0}^{(L_h/2)-1} h(n)\mathrm{e}^{-\mathrm{j}\omega n} + \sum_{L_h/2}^{L_h-1} h(n)\mathrm{e}^{-\mathrm{j}\omega n} \qquad 式 (4\text{-}34)$$

$$= \sum_{n=0}^{(L_h/2)-1} h(n)\mathrm{e}^{-\mathrm{j}\omega n} + \sum_{n=0}^{(L_h/2)-1} h(L_h-1-n)\mathrm{e}^{-\mathrm{j}\omega(L_h-1-n)} \qquad 式 (4\text{-}35)$$

$$= \sum_{n=0}^{(L_h/2)-1} h(n)\mathrm{e}^{-\mathrm{j}\omega n} + \sum_{n=0}^{(L_h/2)-1} h(n)\mathrm{e}^{-\mathrm{j}\omega(L_h-1-n)} \qquad 式 (4\text{-}36)$$

$$= \sum_{n=0}^{(L_h/2)-1} h(n)[\mathrm{e}^{-\mathrm{j}\omega n} + \mathrm{e}^{-\mathrm{j}\omega(L_h-1-n)}] \qquad 式 (4\text{-}37)$$

$$= \mathrm{e}^{-\mathrm{j}\omega\tau_0} \cdot 2 \cdot \sum_{n=0}^{(L_h/2)-1} h(n)\cos[\omega(n-\tau_0)] \qquad 式 (4\text{-}38)$$

显然，式 (4-38) 对应的滤波器是满足线性相位的，滤波器的设计就等价于设计前半段 $h(n)$，$n=0$，1，2，…，$[(L_h/2)-1]$。

4.5.5 偶对称、奇数长度滤波器

利用对称性可以设计线性相位滤波器。给定 $h(n)$，$n = 0$，1，2，…，$L_h - 1$。如果 $h(n)$ 满足偶对称，则 $h(n) = h(L_h - 1 - n)$。

当长度为奇数的时候，需要把中间项单独处理。可以验证，

$$H(\omega) = \mathrm{e}^{-\mathrm{j}\omega\tau_0}\left\{h(\tau_0) + \sum_{n=0}^{\tau_0-1} 2h(n)\cos[\omega(n-\tau_0)]\right\} \qquad 式 (4\text{-}39)$$

需要注意的是，$\tau_0 = (L_h - 1)/2$。

显然，在对称性的约束下，滤波器的相位是线性的。

在长度为奇数的情况下，滤波器的设计等价于设计前 τ_0+1 个数，即 $h(n)$，$\forall n = 0$，1，2，…，τ_0。

4.5.6 奇对称、偶数长度滤波器

给定 $h(n)$，$n = 0$，1，2，…，$L_h - 1$。如果 $h(n)$ 满足奇对称，则 $h(n) = -h(L_h - 1 - n)$。

当 L_h 是偶数，可以验证，

$$H(\omega) = \mathrm{e}^{-\mathrm{j}(\omega\tau_0+\pi/2)} \cdot 2 \cdot \sum_{n=0}^{(L_h/2)-1} h(n)\sin[\omega(n-\tau_0)] \qquad 式 (4\text{-}40)$$

显然，对应的滤波器是满足线性相位的，滤波器的设计等价于设计前半段 $h(n)$，$\forall n=0$，1，2，$\cdots$，$[(L_h/2)-1]$。

4.5.7　奇对称、奇数长度滤波器

给定 $h(n)$，$n=0$，1，2，$\cdots$，L_h-1。如果 $h(n)$ 满足奇对称，则 $h(n)=-h(L_h-1-n)$。

当长度为奇数的时候，还是需要把中间项单独处理。可以验证，

$$H(\omega)=h(\tau_0)\mathrm{e}^{-\mathrm{j}\omega\tau_0}+\mathrm{e}^{-\mathrm{j}(\omega\tau_0+\pi/2)}\sum_{n=0}^{\tau_0-1}2h(n)\sin[\omega(n-\tau_0)] \qquad \text{式 (4-41)}$$

通过将滤波器的中间系数设定为零，即设定 $h(\tau_0)=0$，可以求得：

$$H(\omega)=\mathrm{e}^{-\mathrm{j}(\omega\tau_0+\pi/2)}\sum_{n=0}^{\tau_0-1}2h(n)\sin[\omega(n-\tau_0)] \qquad \text{式 (4-42)}$$

显然，式 (4-42) 能够保证线性相位的特性。

对于这种情况，加一个额外的约束 $h(\tau_0)=0$，有的滤波器形状无法设计，在实际中，这类滤波器的结构并不多见。

在实际中，用得最多的还是偶对称的约束。偶对称序列和奇对称序列的示意如图 4-1 所示。

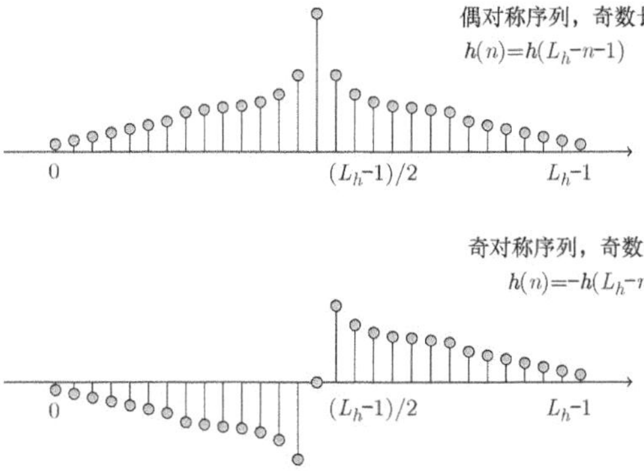

图 4-1　偶对称序列和奇对称序列的示意

4.6　两种 FIR 滤波器的设计方法

本节讨论给定期望的 $H_\mathrm{d}(\omega)$，如何设计出有限长度的 FIR 滤波器系数 $h(n)$，$n=0$，1，2，$\cdots$，L_h-1。

一般情况下，在设计滤波器时候，我们通常会在相位上做一定的补偿，即 $H_\mathrm{d}(\omega)\mathrm{e}^{-\mathrm{j}\omega\tau_0}$，$\tau_0=(L_h-1)/2$。

4.6.1 频率采样法

由于我们已经知道了滤波器的频率响应，所以一种直观的做法是，先对 $H_{\mathrm{d}}(\omega)$ 在 $[0,2\pi)$ 区间上等间隔采样，然后利用反傅里叶变换，直接计算冲激响应。

假定 $H_{\mathrm{d}}(\omega)$ 对应的离散时间序列为 $h_d(n)$，$n=-\infty$，$\cdots$，∞。假设采样的点数为 L，根据 DFT 循环卷积的性质，直接对 $H_{\mathrm{d}}(\omega)$ 采样后得到如下序列。

$$\widetilde{h}_{\mathbb{L}}(n)=h_{\mathrm{d}}(n)*\sum_{i=-\infty}^{\infty}\delta(n-iL) \qquad \text{式 (4-43)}$$

$$=\sum_{i=-\infty}^{\infty}h_{\mathrm{d}}(n-iL) \qquad \text{式 (4-44)}$$

这又是“移位和叠加”操作。当 L 的数值很小的时候，会发生时域混叠现象；但如果 L 的数值足够大时，混叠现象一般可以忽略不计。所以在实际中，我们都会取一个足够大的 L；这样 $\widetilde{h}_{\mathbb{L}}(n)\approx h_{\mathrm{d}}(n)$，$\forall|n|\leqslant L$。

由于我们在 $H_{\mathrm{d}}(\omega)$ 中加了一定的延迟量，为了得到对应的滤波器系数，所以我们需要根据 L_h 对 $\widetilde{h}_{\mathbb{L}}(n)$ 按照窗函数 $\psi_L(n)$ 做截断处理，最终得到的滤波器如下。

$$h(n)=\widetilde{h}_{\mathbb{L}}(n)\psi_L(n),\ \forall n=0,\ 1,\ 2,\ \cdots,\ L-1 \qquad \text{式 (4-45)}$$

在实际中，窗函数的选取非常重要。窗函数的设计在后续章节会有详细的讨论。加延迟量对滤波器系数的影响如图 4-2 所示。

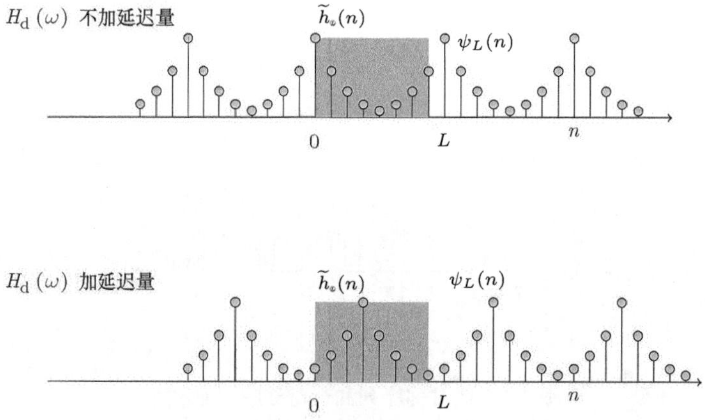

图 4-2 加延迟量对滤波器系数的影响

窗函数对滤波器设计的影响如图 4-3 所示，图 4-3 给定了两个窗函数设计的滤波器频率响应的例子，一个是矩形窗，另一个是汉明窗，设计的滤波器是低通滤波器。由图 4-3 可以看到，对于矩形窗这种直接截断的方法，通常会在频响不连续的点发生较大的抖动，这个现象叫作基普斯效应；如果加上一个钟形的窗函数，基普斯效应能够得到很好的改善。

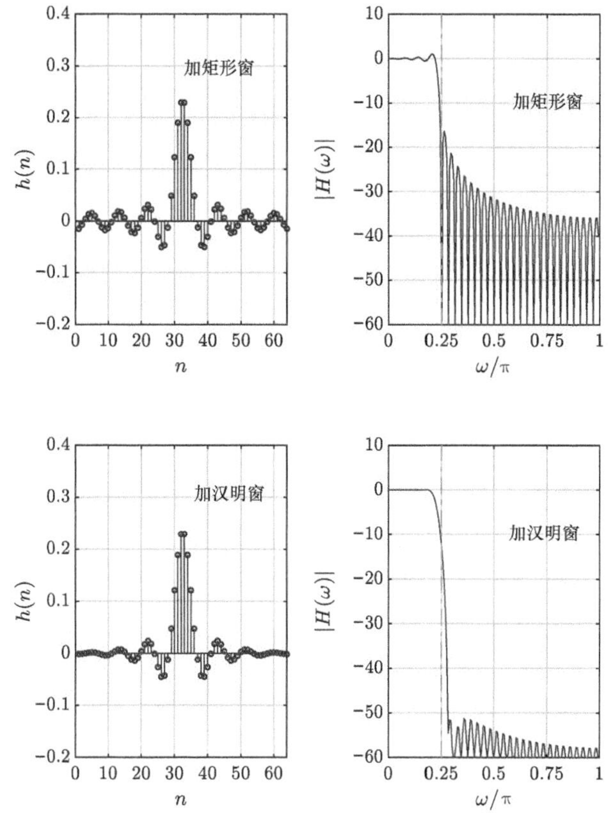

图 4-3　窗函数对滤波器设计的影响

4.6.2　最优逼近法

最优逼近法利用优化的思路去设计最优的滤波器。为了实现线性相位，约束滤波器系数是对称的。考虑"偶对称、奇数长度"的情况，滤波器的响应可以描述如下。

$$H(\omega) = \mathrm{e}^{-\mathrm{j}\omega\tau_0}\left\{h(\tau_0) + \sum_{n=0}^{\tau_0-1} 2h(n)\cos[\omega(n-\tau_0)]\right\} \quad \text{式 (4-46)}$$

$$= \mathrm{e}^{-\mathrm{j}\omega\tau_0}\mathbf{c}^{\mathrm{T}}(\omega)\mathbf{h} \quad \text{式 (4-47)}$$

其中，

$$\mathbf{c}(\omega) \triangleq [2\cos[\omega(\tau_0)]\ \ 2\cos[\omega(\tau_0-1)]\ \ 2\cos[\omega(\tau_0-2)]\ \ \cdots\ \ 2\cos[\omega]\ \ 1]^{\mathrm{T}} \quad \text{式 (4-48)}$$

$$\mathbf{h} \triangleq [h(0)\ \ h(1)\ \ \cdots\ \ h(\tau_0)]^{\mathrm{T}} \quad \text{式 (4-49)}$$

可以验证，$\mathbf{c}(\omega)$ 和 $\mathbf{h}$ 的长度都是 τ_0+1，$\mathbf{c}(\omega)$ 是随频率变化的向量，$\tau_0=(L_h-1)/2$。

由于我们的设计目标是 $H_{\mathrm{d}}(\omega)\mathrm{e}^{-\mathrm{j}\omega\tau_0}$，而 $H_{\mathrm{d}}(\omega)$ 是一个实数函数。那我们的目标

就变成让 $\mathbf{c}^{\mathrm{T}}(\omega)\mathbf{h}$ 逼近 $H_{\mathrm{d}}(\omega)$。方便起见，我们定义误差函数如下。

$$\epsilon(\omega) = \mathbf{c}^{\mathrm{T}}(\omega)\mathbf{h} - H_{\mathrm{d}}(\omega) \qquad \text{式 (4-50)}$$

为了避免吉普赛效应，让误差分布更加均匀一些，可以将优化问题描述如下。

$$\min_{\mathbf{h}} \max_{\omega\in[0,\ \pi]} |\mathbf{c}^{\mathrm{T}}(\omega)\mathbf{h} - H_{\mathrm{d}}(\omega)|^2 \qquad \text{式 (4-51)}$$

可以验证，该问题是凸问题，存在唯一的最优解。

在实际中，对于频响不连续的地方，很难控制其误差，一般在这些地方会引入一个过渡带，在过渡带的区间，我们不做优化的约束。考虑到滤波器对通带和阻带的误差容忍度不同，通带的误差容忍度通常要大于阻带。如果定义通带为 $\omega \in \mathbb{S}_{\mathrm{p}}$，阻带为 $\omega \in \mathbb{S}_{\mathrm{s}}$。更通用的优化问题可以描述如下。

$$\min_{\mathbf{h}} \max_{\omega\in\mathbb{S}_{\mathrm{p}}\cup\mathbb{S}_{\mathrm{s}}} \alpha(\omega)|\mathbf{c}^{\mathrm{T}}(\omega)\mathbf{h} - H_{\mathrm{d}}(\omega)|^2 \qquad \text{式 (4-52)}$$

其中，$\alpha(\omega) > 0$ 是一个加权系数，控制对应频带上能容忍的相对误差的大小。

可以证明，该问题是一个凸问题，通过引入新的变量 $\mathcal{J}$，还可将其描述如下。

$$\min_{\mathbf{h}} \mathcal{J} \text{ s.t. } \alpha(\omega)|\mathbf{c}^{\mathrm{T}}(\omega)\mathbf{h} - H_{\mathrm{d}}(\omega)|^2 \leqslant \mathcal{J}, \quad \forall\omega \in \mathbb{S}_{\mathrm{p}} \cup \mathbb{S}_{\mathrm{s}} \qquad \text{式 (4-53)}$$

该问题利用凸优化工具箱可以直接求解；凸优化问题的求解超出了本书的范畴，这里不做过多的讨论。

4.7 问题

1. 一个由电阻和电容构成的模拟低通滤波器 $H(\mathcal{S}) = \frac{1}{1+\mathcal{S}\cdot RC}$，其中，$R$ 和 C 分别是电阻值和电容值。利用冲激响应不变法，试将该系统转换成一个离散系统，写出系统在 $\mathcal{Z}$ 域的表达式，求解系统的冲激响应。
2. 一个由电阻和电容构成的模拟低通滤波器 $H(\mathcal{S}) = \frac{1}{1+\mathcal{S}\cdot RC}$，其中，$R$ 和 C 分别是电阻值和电容值。利用双线性变换法，试将该系统转换成一个离散系统，写出系统的差分方程，求解系统在 3 dB 带宽对应的频率值。
3. 在 FIR 低通滤波器的设计中，如果采样率 $f_{\mathrm{s}} = 48\mathrm{kHz}$，系统的截止频率为 $f_{\mathrm{c}} = 4\mathrm{kHz}$，求解截止频率对应的数字角频率 ω_{c}。
4. 试给出窗函数法设计 FIR 滤波器的步骤。
5. 除了利用凸优化工具直接求解，式 (4-52) 中的滤波器设计问题还可以用雷米兹[①]（Remez）交换法求解。调研文献，写出利用雷米兹（Remez）交换法求解最优滤波器的流程。

---

① 也称为 Parks-McClellan 算法。

第 5 章　自适应滤波器的设计

滤波的主要目的是增强观测信号中的期望信号。在实际中，可以利用观测信号的统计信息，自适应地调整滤波器的系数，实现比固定频响滤波器更好的滤波性能。本章主要介绍维纳滤波器和卡尔曼滤波器的原理和设计方法。

- 给出观测信号、期望信号和噪声之间的信号模型。
- 在 FIR 滤波的框架下，给出误差的定义，推导均方误差与最优滤波器之间的关系。
- 推导最优滤波器。
- 给出信噪比和信号畸变的定义，分析维纳滤波信噪比和信号畸变之间的关系。
- 简要介绍卡尔曼滤波。

5.1　信号模型与滤波

观测信号 $y(n)$，$n = 0, 1, 2, \cdots$，通常由两个部分组成：一部分是期望信号 $x(n)$；另一部分是加性噪声 $v(n)$。

滤波的目的就是从观测信号 $y(n)$ 中抑制 $v(n)$，同时留下 $x(n)$。

滤波的框架有很多种，我们首先以 FIR 滤波框架为例，研究自适应滤波器的设计与分析方法。

在 FIR 滤波框架下，滤波器的输出表示如下。

$$z(n) = \sum_{i=0}^{L_h-1} h(i)y(n-i), \quad \forall n \tag{式 (5-1)}$$

其中，$h(i)$，$i = 0, 1, 2, \cdots, L_h - 1$，是 FIR 滤波器的系数。

方便起见，我们做如下定义。

$$\mathbf{h} = [h(0) \ \ h(1) \ \ \cdots \ \ h(L_h - 1)]^{\mathrm{T}} \tag{式 (5-2)}$$

$$\mathbf{y}(n) = [y(n) \ \ y(n-1) \ \ \cdots \ \ y(n - L_h + 1)]^{\mathrm{T}} \tag{式 (5-3)}$$

其中，$\mathbf{h}$ 是滤波器，$\mathbf{y}(n)$ 是观测向量。

基于所定义的向量，可将滤波器的输出表示如下。

$$z(n) = \mathbf{h}^{\mathrm{T}}\mathbf{y}(n) \tag{式 (5-4)}$$

最优的 $\mathbf{h}$ 是观测信号、期望信号以及噪声统计特性的函数。如果信号和噪声为平稳的随机过程，它们的统计特性不随时间变化，在这种情况下，最优滤波器 $\mathbf{h}$ 也不随时间变化。

但是在实际中，信号往往是非平稳的，最优的滤波器 $\mathbf{h}$ 也是随时间变化的。为了表述方便，我们省略了 $\mathbf{h}$ 关于时间变量 n 的标识。接下来，我们会省略所有信号统计量中关于时间变量 n 的标识。

5.2 误差与误差统计量

滤波的目的是让滤波器的输出尽量逼近观测信号中的期望信号，也就是说，让 $z(n)$ 逼近 $x(n)$。方便起见，我们将误差定义如下。

$$\epsilon(n) \triangleq x(n) - z(n) \quad \text{式 (5-5)}$$

$$= x(n) - \mathbf{h}^{\mathrm{T}}\mathbf{y}(n) \quad \text{式 (5-6)}$$

进一步，我们可以定义误差平方的期望如下。

$$\mathcal{J}_{\mathrm{MSE}}(\mathbf{h}) \triangleq \mathbb{E}[|\epsilon(n)|^2] \quad \text{式 (5-7)}$$

$$= \mathbb{E}[|x(n) - \mathbf{h}^{\mathrm{T}}\mathbf{y}(n)|^2] \quad \text{式 (5-8)}$$

其中，$\mathbb{E}(\cdot)$ 表示数学期望。式 (5-7) 描述的代价函数就是均方误差。

5.3 维纳滤波器

维纳滤波器的设计准则就是让滤波器的均方误差最小。根据式 (5-7)，$\mathcal{J}_{\mathrm{MSE}}(\mathbf{h})$ 是关于 $\mathbf{h}$ 的凸函数。因此，可先求 $\mathcal{J}_{\mathrm{MSE}}(\mathbf{h})$ 对 $\mathbf{h}$ 的导数，然后再令导数等于零，即可完成维纳滤波器的推导。

可以推导维纳滤波器满足如下公式。

$$\mathbf{R}_{\mathbf{yy}}\mathbf{h}_{\mathrm{W}} = \mathbf{r}_{\mathbf{y}x} \quad \text{式 (5-9)}$$

其中，

$$\mathbf{R}_{\mathbf{yy}} \triangleq \mathbb{E}[\mathbf{y}(n)\mathbf{y}^{\mathrm{T}}(n)] \quad \text{式 (5-10)}$$

$$\mathbf{r}_{\mathbf{y}x} \triangleq \mathbb{E}[\mathbf{y}(n)x(n)] \quad \text{式 (5-11)}$$

自相关矩阵 $\mathbf{R}_{\mathbf{yy}}$ 的维度为 $L_h \times L_h$，互相关向量 $\mathbf{r}_{\mathbf{y}x}$ 的维度为 $L_h \times 1$。

5.3.1　自相关矩阵 $\mathbf{R}_{\mathbf{yy}}$

矩阵 $\mathbf{R}_{\mathbf{yy}}$ 衡量的是观测向量元素之间的相关性。以它的（i,j）个元素为例，$[\mathbf{R}_{\mathbf{yy}}]_{i,j}=\mathbb{E}[y(n-i)y(n-j)]$ 衡量的就是第 $n-i$ 个观测点和第 $n-j$ 个观测点对应的观测信号之间的相关性。

观测信号自相关矩阵可以根据观测信号实时计算，一种简易有效的估计方法如下。

$$\mathbf{R}_{\mathbf{yy}} \leftarrow \alpha_y \mathbf{R}_{\mathbf{yy}} + (1-\alpha_y)\mathbf{y}(n)\mathbf{y}^{\mathrm{T}}(n) \qquad \text{式 (5-12)}$$

其中，$\alpha_y \in (0,1)$ 是所谓的遗忘因子，通常取值在 0 到 1 之间。

5.3.2　互相关向量 $\mathbf{r}_{\mathbf{y}x}$

互相关向量 $\mathbf{r}_{\mathbf{y}x}$ 的定义用到了期望信号 $x(n)$，该信号在大多数应用中是未知的或需要估计的，因此估计互相关向量 $\mathbf{r}_{\mathbf{y}x}$ 需要引入适当的假设。在实际中，我们通常假设期望信号和噪声是不相关的[①]，也就是说，$\mathbb{E}[v(n')x(n)]=0$，$\forall n$，n'。

在期望信号和噪声不相关的假设下，考虑到 $\mathbf{y}(n)=\mathbf{x}(n)+\mathbf{v}(n)$，互相关向量可以表示如下。

$$\mathbf{r}_{\mathbf{y}x} = \mathbb{E}[\mathbf{y}(n)y(n)] - \mathbb{E}[\mathbf{y}(n)v(n)] \qquad \text{式 (5-13)}$$

$$= \mathbb{E}[\mathbf{y}(n)y(n)] - \mathbb{E}\{[\mathbf{x}(n)+\mathbf{v}(n)]v(n)\} \qquad \text{式 (5-14)}$$

$$= \mathbb{E}[\mathbf{y}(n)y(n)] - \mathbb{E}[\mathbf{v}(n)v(n)] \qquad \text{式 (5-15)}$$

$$= \mathbf{r}_{\mathbf{y}y} - \mathbf{r}_{\mathbf{v}v} \qquad \text{式 (5-16)}$$

也就是说，该互相关向量可以通过观测信号的自相关向量和噪声的自相关向量计算而得。由于 $\mathbf{r}_{\mathbf{y}y}$ 是 $\mathbf{R}_{\mathbf{yy}}$ 的第一列，所以 $\mathbf{r}_{\mathbf{y}y}=\mathbf{R}_{\mathbf{yy}}\mathbf{i}_1$，且 $\mathbf{R}_{\mathbf{yy}}^{-1}\mathbf{r}_{\mathbf{y}y}=\mathbf{i}_1$。

实际中，噪声通常具有较好的平稳特性。也就是说，$\mathbf{r}_{\mathbf{v}v}$ 不随时间变化，或者随时间变化较慢。因此，我们可以在没有期望信号的时候，用观测信号得到关于 $\mathbf{r}_{\mathbf{v}v}$ 的估计；当期望信号出现的时候，就沿用先前的估计。

考虑到 $\mathbf{r}_{\mathbf{v}v}$ 是 $\mathbf{R}_{\mathbf{vv}}$ 的第一列，$\mathbf{r}_{\mathbf{v}v}=\mathbf{R}_{\mathbf{vv}}\mathbf{i}_1$。如果能够实时检测出期望信号的出现概率 $p_{\mathrm{H}_1}(n)$，则可以利用一个变化的遗忘因子去跟踪 $\mathbf{R}_{\mathbf{vv}}$ 的变化，具体如下。

$$\widetilde{\alpha}_v(n) = \alpha_{v,0} + (1-\alpha_{v,0})p_{\mathrm{H}_1}(n) \qquad \text{式 (5-17)}$$

$$\mathbf{R}_{\mathbf{vv}} \leftarrow \widetilde{\alpha}_v(n)\mathbf{R}_{\mathbf{vv}} + [1-\widetilde{\alpha}_v(n)]\mathbf{v}(n)\mathbf{v}^{\mathrm{T}}(n) \qquad \text{式 (5-18)}$$

① 有时也会有相关的情况，需要注意的是，相关情况下不能直接套用不相关假设下的滤波器。

其中，$\widetilde{\alpha}_v(n) \in (0, 1)$ 是关于噪声统计特性的遗忘因子，通常取 $\alpha_{v,0} > \alpha_y$。可以验证，当 $p_{\mathrm{H}_1}(n) = 1$ 时，$\mathbf{R}_{\mathbf{vv}}$ 不做更新；当 $p_{\mathrm{H}_1}(n) = 0$ 时，$\mathbf{R}_{\mathbf{vv}}$ 按照 $\alpha_{v,0}$ 更新。关于概率 $p_{\mathrm{H}_1}(n)$ 的估计超出了本书的范畴，这里不再做进一步讨论。

5.3.3 维纳滤波器

最小化均方误差，可以得到如下的维纳滤波器。

$$\mathbf{h}_{\mathrm{W}} = \mathbf{R}_{\mathbf{yy}}^{-1}\mathbf{r}_{\mathbf{y}x} \qquad \text{式 (5-19)}$$

由于 $\mathbf{R}_{\mathbf{yy}}$ 是一个托普利兹（Toeplitz）矩阵，其逆矩阵可以通过一些快速算法来计算。

维纳滤波器有多种表示方式，有的用于性能分析，有的则是便于实现。以下给出两种典型的表示方法。

- 如果已知期望信号的自相关矩阵，可以将其表示如下。

$$\mathbf{h}_{\mathrm{W}} = \mathbf{R}_{\mathbf{yy}}^{-1}\mathbf{r}_{\mathbf{x}x} \qquad \text{式 (5-20)}$$

$$= \mathbf{R}_{\mathbf{yy}}^{-1}\mathbf{R}_{\mathbf{xx}}\mathbf{i}_1 \qquad \text{式 (5-21)}$$

  其中，$\mathbf{R}_{\mathbf{xx}}$ 是期望信号的自相关矩阵。

- 信号对消框架如下。

  考虑 $\mathbf{r}_{\mathbf{y}x} = \mathbf{r}_{\mathbf{y}y} - \mathbf{r}_{\mathbf{v}v}$，由于 $\mathbf{R}_{\mathbf{yy}}^{-1}\mathbf{r}_{\mathbf{y}y} = \mathbf{i}_1$，所以可将维纳滤波器表示如下。

$$\mathbf{h}_{\mathrm{W}} = \mathbf{R}_{\mathbf{yy}}^{-1}(\mathbf{r}_{\mathbf{y}y} - \mathbf{r}_{\mathbf{v}v}) \qquad \text{式 (5-22)}$$

$$= \mathbf{i}_1 - \mathbf{R}_{\mathbf{yy}}^{-1}\mathbf{r}_{\mathbf{v}v} \qquad \text{式 (5-23)}$$

$\mathbf{R}_{\mathbf{yy}}^{-1}\mathbf{r}_{\mathbf{v}v}$ 是一个估计噪声 $v(n)$ 的维纳滤波器，根据式 (5-23)，维纳滤波器还可理解为一种信号对消器。

5.4 维纳滤波分析

5.4.1 正交分解

考虑 $\mathbf{y}(n) = \mathbf{x}(n) + \mathbf{v}(n)$，而 $\mathbf{x}(n)$ 中只有第一个元素 $x(n)$ 是我们的期望信号。利用随机信号的正交分解，我们可以将 $\mathbf{x}(n)$ 分解成两个不相关的量，具体如下。

$$\mathbf{x}(n) = \gamma_{\mathbf{x}x}x(n) - \mathbf{x}_{\mathrm{i}}(n) \qquad \text{式 (5-24)}$$

其中，

$$\gamma_{\mathbf{x}x} \triangleq \frac{\mathbb{E}[\mathbf{x}(n)x(n)]}{\mathbb{E}[|x(n)|^2]} \qquad \text{式 (5-25)}$$

$$= \frac{\mathbf{r}_{\mathbf{y}y} - \mathbf{r}_{\mathbf{v}v}}{\sigma_y^2 - \sigma_v^2} \qquad \text{式 (5-26)}$$

$$= \frac{\sigma_y^2 \gamma_{\mathbf{y}y} - \sigma_v^2 \gamma_{\mathbf{v}v}}{\sigma_y^2 - \sigma_v^2} \qquad \text{式 (5-27)}$$

$$= (1/\mathrm{SNR} + 1)\gamma_{\mathbf{y}y} - 1/\mathrm{SNR}\gamma_{\mathbf{v}v} \qquad \text{式 (5-28)}$$

$$\mathbf{x}_{\mathrm{i}}(n) \triangleq \mathbf{x}(n) - \gamma_{\mathbf{x}x} x(n) \qquad \text{式 (5-29)}$$

式 (5-29) 中 $\mathbf{x}_{\mathrm{i}}(n)$ 可以看作一项不相关的干扰项。

利用正交分解，我们可以重新将观测信号描述如下。

$$\mathbf{y}(n) = \mathbf{x}_{\mathrm{d}}(n) + \mathbf{x}_{\mathrm{i}}(n) + \mathbf{v}(n) \qquad \text{式 (5-30)}$$

其中，$\mathbf{x}_{\mathrm{d}}(n) \triangleq \gamma_{\mathbf{x}x} x(n)$。显然，如果以向量的形式来建模，观测信号其实由 3 项构成：期望信号 $\mathbf{x}_{\mathrm{d}}(n)$、干扰 $\mathbf{x}_{\mathrm{i}}(n)$ 以及噪声 $\mathbf{v}(n)$。

因此，给定滤波器 $\mathbf{h}$，它的输出 $z(n) = \mathbf{h}^{\mathrm{T}}\mathbf{y}(n)$ 包含 3 项，具体如下。

$$z(n) = x_{\mathrm{fd}}(n) + x_{\mathrm{ri}}(n) + v_{rn}(n) \qquad \text{式 (5-31)}$$

其中，

$$x_{\mathrm{fd}}(n) \triangleq \mathbf{h}^{\mathrm{T}}\mathbf{x}_{\mathrm{d}}(n) \qquad \text{式 (5-32)}$$

$$x_{\mathrm{ri}}(n) \triangleq \mathbf{h}^{\mathrm{T}}\mathbf{x}_{\mathrm{i}}(n) \qquad \text{式 (5-33)}$$

$$v_{rn}(n) \triangleq \mathbf{h}^{\mathrm{T}}\mathbf{v}(n) \qquad \text{式 (5-34)}$$

式 (5-32)、式 (5-33)、式 (5-34) 分别为“滤波后的期望信号”“剩余的干扰信号”和“剩余的噪声信号”。

从滤波的角度，我们希望 $x_{\mathrm{fd}}(n)$ 接近 $x(n)$，$x_{\mathrm{ri}}(n)$ 越小越好，$v_{\mathrm{rn}}(n)$ 也越小越好。

维纳滤波器从最小化均方误差的角度获得了 $\mathbf{h}$ 的最优值。但是均方误差的大小不一定和恢复信号的质量呈线性关系。

为了更精细地分析滤波器的性能，通常需要分析输出的信噪比，以及滤波器对期望信号带来的畸变。

5.4.2　输出信噪比

输出信噪比定义为滤波器输出中期望信号的能量与干扰和噪声的能量比值，由式 (5-31) 可知，输出信噪比的定义如下。

$$\mathrm{oSNR} \triangleq \frac{\mathbb{E}[|x_{\mathrm{fd}}(n)|^2]}{\mathbb{E}[|x_{\mathrm{ri}}(n)|^2] + \mathbb{E}[|v_{\mathrm{rn}}(n)|^2]} \qquad \text{式 (5-35)}$$

$$= \frac{\mathbf{h}^{\mathrm{T}}\mathbf{R}_{\mathbf{x}_{\mathrm{d}}\mathbf{x}_{\mathrm{d}}}\mathbf{h}}{\mathbf{h}^{\mathrm{T}}\mathbf{R}_{\mathbf{x}_{\mathrm{i}}\mathbf{x}_{\mathrm{i}}}\mathbf{h} + \mathbf{h}^{\mathrm{T}}\mathbf{R}_{\mathbf{vv}}\mathbf{h}} \quad 式 (5\text{-}36)$$

$$= \frac{\sigma_x^2|\mathbf{h}^{\mathrm{T}}\boldsymbol{\gamma}_{\mathbf{x}x}|^2}{\mathbf{h}^{\mathrm{T}}\mathbf{R}_{\mathbf{x}_{\mathrm{i}}\mathbf{x}_{\mathrm{i}}}\mathbf{h} + \mathbf{h}^{\mathrm{T}}\mathbf{R}_{\mathbf{vv}}\mathbf{h}} \quad 式 (5\text{-}37)$$

可以验证，维纳滤波器能够获得最大的输出信噪比。

在没有引入正交分解之前，还有一种关于输出信噪比的定义，具体如下。

$$\mathrm{oSNR}_{\mathrm{old}} \triangleq \frac{\mathbf{h}^{\mathrm{T}}\mathbf{R}_{\mathbf{xx}}\mathbf{h}}{\mathbf{h}^{\mathrm{T}}\mathbf{R}_{\mathbf{vv}}\mathbf{h}} \quad 式 (5\text{-}38)$$

该信噪比虽然不严谨，但定义简洁，便于评估计算，在实际中仍然获得了广泛的应用。

5.4.3 信号畸变

期望信号在滤波的过程中，也会受到滤波器的改变产生畸变。为了衡量信号畸变，人们提出了信号畸变指数去衡量滤波器输出中“滤波后的期望信号”与“实际期望信号的比值”。信号畸变指数的定义如下。

$$\mathrm{SDI} \triangleq \frac{\mathbb{E}[|x(n) - x_{\mathrm{fd}}(n)|^2]}{\mathbb{E}[|x(n)|^2]} \quad 式 (5\text{-}39)$$

$$= |1 - \mathbf{h}^{\mathrm{T}}\boldsymbol{\gamma}_{\mathbf{x}x}|^2 \quad 式 (5\text{-}40)$$

有趣的是，在这个定义下，信号畸变指数可以通过约束 $\mathbf{h}^{\mathrm{T}}\boldsymbol{\gamma}_{\mathbf{x}x} = 1$ 实现无畸变的控制。事实上，无畸变约束下最优滤波器为最小方差无失真响应滤波器（Minimum Variance Distortionless Response，MVDR），具体如下。

$$\mathbf{h}_{\mathrm{MVDR}} = \frac{\mathbf{R}_{\mathbf{yy}}^{-1}\boldsymbol{\gamma}_{\mathbf{x}x}}{\boldsymbol{\gamma}_{\mathbf{x}x}^{\mathrm{T}}\mathbf{R}_{\mathbf{yy}}^{-1}\boldsymbol{\gamma}_{\mathbf{x}x}} \quad 式 (5\text{-}41)$$

该滤波器在实际中也有广泛使用，特别是波束形成的时候。

可以验证 $\mathbf{h}_{\mathrm{MVDR}} \propto \mathbf{h}_{\mathrm{W}}$。由于维纳滤波器能够获得最大的输出信噪比，从信噪比的定义可知，MVDR 滤波器也能获得无畸变条件下的最大输出信噪比。在实际中，MVDR 滤波器不能获得与维纳滤波器一样的信噪比，归其原因，在于信号往往是非平稳的，而式 (5-37) 中的信号方差 σ_x^2 是时变的。

与信噪比的定义一样，在正交分解出现之前，信号畸变通常定义为如下形式。

$$\mathrm{SDI}_{\mathrm{old}} \triangleq \frac{\mathbb{E}[|x(n) - \mathbf{h}^{\mathrm{T}}\mathbf{x}(n)|^2]}{\mathbb{E}[|x(n)|^2]} \quad 式 (5\text{-}42)$$

$$= \frac{1}{\sigma_x^2}\mathbf{h}^{\mathrm{T}}\mathbf{R}_{\mathbf{xx}}\mathbf{h} - 2\mathbf{h}^{\mathrm{T}}\boldsymbol{\gamma}_{\mathbf{x}x} + 1 \quad 式 (5\text{-}43)$$

总体来说，衡量滤波器性能的时候，都会从信噪比和信号畸变等多个角度去考量。

5.5 卡尔曼滤波

5.5.1 状态方程与观测方程

卡尔曼滤波在信号建模的时候有两个方程：状态方程和观测方程。状态方程中的状态通常就是我们的期望信号。给定期望信号 $\mathbf{x}(n)$，状态方程描述如下。

$$\mathbf{x}(n) = \mathbf{A}\mathbf{x}(n-1) + \mathbf{s}(n) \quad \text{式 (5-44)}$$

其中，$\mathbf{A}$ 是刻画我们系统的线性变换，$\mathbf{s}(n)$ 是状态方程的噪声，也可以当作状态方程的激励函数。

观测方程对应信号的模型，给定观测信号 $\mathbf{y}(n)$，观测方程为:

$$\mathbf{y}(n) = \mathbf{G}\mathbf{x}(n) + \mathbf{v}(n) \quad \text{式 (5-45)}$$

其中，$\mathbf{G}$ 是一个矩阵，用于建模从状态到观测的变换；$\mathbf{v}(n)$ 是观测信号中的加性噪声。

方便起见，定义如下两个自相关矩阵。

$$\mathbf{R}_{\mathrm{ss}} \triangleq \mathbb{E}[\mathbf{s}(n)\mathbf{s}^{\mathrm{T}}(n)] \quad \text{式 (5-46)}$$

$$\mathbf{R}_{\mathrm{vv}} \triangleq \mathbb{E}[\mathbf{v}(n)\mathbf{v}^{\mathrm{T}}(n)] \quad \text{式 (5-47)}$$

在实际中，进行卡尔曼滤波之前，参数 $\mathbf{A}$、$\mathbf{G}$、$\mathbf{R}_{\mathrm{ss}}$ 以及 $\mathbf{R}_{\mathrm{vv}}$ 都是已知或要事先估计的。

5.5.2 滤波框架

假定在 $n-1$ 时刻，卡尔曼滤波对信号的最优估计是 $\boldsymbol{\mu}(n-1)$，在当前时刻可以利用状态方程对期望信号做一个初步的预计。

$$\overline{\boldsymbol{\mu}}(n) = \mathbf{A}\boldsymbol{\mu}(n-1) \quad \text{式 (5-48)}$$

当然，我们在做预计的时候还可以按照 $\mathbf{s}(n-1)$ 的分布人为引入一定噪声，也就是说，$\overline{\boldsymbol{\mu}}(n) = \mathbf{A}\boldsymbol{\mu}(n-1) + \widehat{\mathbf{s}}(n-1)$，这里的 $\widehat{\mathbf{s}}(n-1)$ 是一个随机信号。

基于历史信息的预计和当前的观测，卡尔曼滤波按照如下的方式实现期望信号的估计:

$$\boldsymbol{\mu}(n) = \overline{\boldsymbol{\mu}}(n) + \mathbf{K}(n)[\mathbf{y}(n) - \mathbf{G}\overline{\boldsymbol{\mu}}(n)] \quad \text{式 (5-49)}$$

卡尔曼滤波的关键就是实时计算矩阵 $\mathbf{K}(n)$，这个矩阵叫作卡尔曼增益；$\boldsymbol{\mu}(n)$ 就是对状态 $\mathbf{x}(n)$ 的最优估计。

5.5.3 双误差函数

为了寻求最优的卡尔曼增益，我们需要定义两个误差函数。

$$\boldsymbol{\epsilon}(n) \triangleq \mathbf{x}(n) - \boldsymbol{\mu}(n) \quad \text{式 (5-50)}$$

$$\overline{\boldsymbol{\epsilon}}(n) \triangleq \mathbf{x}(n) - \overline{\boldsymbol{\mu}}(n) \quad \text{式 (5-51)}$$

可以验证

$$\boldsymbol{\epsilon}(n) = \mathbf{x}(n) - \overline{\boldsymbol{\mu}}(n) - \mathbf{K}(n)[\mathbf{G}\mathbf{x}(n) - \mathbf{G}\overline{\boldsymbol{\mu}}(n) + \mathbf{v}(n)] \quad \text{式 (5-52)}$$

$$= \overline{\boldsymbol{\epsilon}}(n) - \mathbf{K}(n)[\mathbf{G}\overline{\boldsymbol{\epsilon}}(n) + \mathbf{v}(n)] \quad \text{式 (5-53)}$$

$$= [\mathbf{I} - \mathbf{K}(n)\mathbf{G}]\overline{\boldsymbol{\epsilon}}(n) - \mathbf{K}(n)\mathbf{v}(n) \quad \text{式 (5-54)}$$

$$\overline{\boldsymbol{\epsilon}}(n) = \mathbf{A}\mathbf{x}(n-1) + \mathbf{s}(n) - \mathbf{A}\boldsymbol{\mu}(n-1) \quad \text{式 (5-55)}$$

$$= \mathbf{A}\boldsymbol{\epsilon}(n-1) + \mathbf{s}(n) \quad \text{式 (5-56)}$$

也就是说，两个误差函数之间满足一定的变换关系。

利用这个变换关系，可以找到误差函数自相关矩阵之间的相互关系，具体如下。

$$\mathbf{R}_{\epsilon\epsilon}(n) \triangleq \mathbb{E}[\boldsymbol{\epsilon}(n)\boldsymbol{\epsilon}^{\mathrm{T}}(n)] \quad \text{式 (5-57)}$$

$$= [\mathbf{I} - \mathbf{K}(n)\mathbf{G}]\mathbf{R}_{\overline{\epsilon}\overline{\epsilon}}(n)[\mathbf{I} - \mathbf{K}(n)\mathbf{G}]^{\mathrm{T}} + \mathbf{K}(n)\mathbf{R}_{\mathrm{vv}}\mathbf{K}^{\mathrm{T}}(n) \quad \text{式 (5-58)}$$

$$\mathbf{R}_{\overline{\epsilon}\overline{\epsilon}}(n) \triangleq \mathbb{E}[\overline{\boldsymbol{\epsilon}}(n)\overline{\boldsymbol{\epsilon}}^{\mathrm{T}}(n)] \quad \text{式 (5-59)}$$

$$= \mathbf{A}\mathbf{R}_{\epsilon\epsilon}(n-1)\mathbf{A}^{\mathrm{T}} + \mathbf{R}_{\mathrm{ss}} \quad \text{式 (5-60)}$$

也就是说，可以先利用 $\mathbf{R}_{\epsilon\epsilon}(n-1)$ 对 $\mathbf{R}_{\overline{\epsilon}\overline{\epsilon}}(n)$ 进行预计，然后利用 $\mathbf{R}_{\overline{\epsilon}\overline{\epsilon}}(n)$ 对 $\mathbf{R}_{\epsilon\epsilon}(n)$ 进行计算。

5.5.4 最优滤波器

还是以最小均方误差准则为例，对应的代价函数可以描述如下。

$$\mathcal{J}[\mathbf{K}(n)] \triangleq \mathrm{tr}[\mathbf{R}_{\epsilon\epsilon}(n)] \quad \text{式 (5-61)}$$

$$= \mathrm{tr}\{[\mathbf{I} - \mathbf{K}(n)\mathbf{G}]\mathbf{R}_{\overline{\epsilon}\overline{\epsilon}}(n)[\mathbf{I} - \mathbf{K}(n)\mathbf{G}]^{\mathrm{T}} + \mathbf{K}(n)\mathbf{R}_{\mathrm{vv}}\mathbf{K}^{\mathrm{T}}(n)\} \quad \text{式 (5-62)}$$

求 $\mathcal{J}[\mathbf{K}(n)]$ 对 $\mathbf{K}(n)$ 的导数，然后令导数等于零，可得最优卡尔曼增益如下。

$$\mathbf{K}_{\mathrm{W}}(n) = \mathbf{R}_{\overline{\epsilon}\overline{\epsilon}}(n)\mathbf{G}^{\mathrm{T}}[\mathbf{G}\mathbf{R}_{\overline{\epsilon}\overline{\epsilon}}(n)\mathbf{G}^{\mathrm{T}} + \mathbf{R}_{\mathrm{vv}}(n)]^{-1} \quad \text{式 (5-63)}$$

这便是最小均方误差准则下最优的卡尔曼增益。

在求导过程中，要用到如下 5 个公式。

$$\mathrm{tr}(\mathbf{XY}) = \mathrm{tr}(\mathbf{YX}),\ \mathrm{tr}(\mathbf{X} + \mathbf{Y}) = \mathrm{tr}(\mathbf{X}) + \mathrm{tr}(\mathbf{Y}) \quad \text{式 (5-64)}$$

$$\frac{\partial}{\partial \mathbf{X}}\mathrm{tr}(\mathbf{XDX}^{\mathrm{T}}) = \mathbf{XD} + \mathbf{XD}^{\mathrm{T}} \quad \text{式 (5-65)}$$

$$\frac{\partial}{\partial \mathbf{X}}\mathrm{tr}(\mathbf{XD}) = \mathbf{D}^{\mathrm{T}} \quad \text{式 (5-66)}$$

$$\frac{\partial}{\partial \mathbf{X}}\mathrm{tr}(\mathbf{DX}^{\mathrm{T}}) = \mathbf{D} \quad \text{式 (5-67)}$$

结合 $\mathbf{R}_{\overline{\epsilon\epsilon}}$ 的对称性，很容易完成 (5-63) 式的推导。

在实际中，如果模型参数准确，卡尔曼滤波可以获得较好的滤波性能。然而，如果模型参数不准确，卡尔曼滤波可能会出现无法收敛的情况。

卡尔曼滤波中假定观测方程和状态方程都是线性的，并且模型误差服从高斯分布。对于更复杂的模型，不能直接套用卡尔曼滤波，需要采用它的推广形式，包括扩展的卡尔曼滤波、粒子滤波等，相关内容超出了本章的范畴，这里不做进一步的讨论。

5.6 问题

1. 白噪声条件下，如果期望信号为 $s(n) = \cos(\omega_0 n)$，推导出维纳滤波器的表达式。
2. 结合本章的信号模型，给出研究协方差矩阵的估计方法。
3. 给出一种 Toeplitz 矩阵求逆的快速算法。
4. 结合本章给出的信号模型和信号出现概率的定义，给出信号出现概率的估计方法。
5. 研究噪声功率谱密度的估计方法，推导功率谱密度和自相关函数的关系。
6. 试总结卡尔曼滤波的滤波流程，画出卡尔曼滤波的流程框图。
7. 给出一种粒子滤波的迭代方法，写出粒子的更新公式和粒子密度的更新公式。

第 6 章　信道

"信道"是信号从信号源到观测点的"路径"。信道一方面改变了信号原有的形式，另一方面在传输的过程中实现了对环境信息的编码。本章主要介绍室内声信道及其常见的特征，具体内容如下。

- 如何用 FIR 系统对信道进行建模。
- 信道的时变特性、空变特性、长短时特性。
- 信道的频率选择性、多信道的共零点特性。
- 信道均衡。
- 信号对消。

6.1　信道建模

信道对信号的改变其实是一种滤波，源信号是滤波器的输入，观测信号是滤波器的输出。在线性系统的假设下，信道对信号源的改变可以用以下差分方程描述。

$$x(n)+\sum_{i=1}^{L_a-1}a(i)x(n-i)=\sum_{i=0}^{L_b-1}b(i)s(n-i),\ \forall n \qquad \text{式 (6-1)}$$

其中，$s(n)$ 和 $x(n)$ 分别为源信号和源信号经过信道后的信号（即观测位置处的信号），$\{a(i),\ \forall i\}$ 和 $\{b(i),\ \forall i\}$ 为两组实系数。在 $\mathcal{Z}$ 域，系统初始状态为零的条件下，可将此差分方程描述如下。

$$X(\mathcal{Z})=G(\mathcal{Z})S(\mathcal{Z}) \qquad \text{式 (6-2)}$$

其中，

$$G(\mathcal{Z})=\frac{\sum_{i=0}^{L_b-1}b(i)\mathcal{Z}^{-i}}{1+\sum_{i=1}^{L_a-1}a(i)\mathcal{Z}^{-i}} \qquad \text{式 (6-3)}$$

$$\approx\sum_{i=0}^{L_g-1}g(i)\mathcal{Z}^{-i} \qquad \text{式 (6-4)}$$

由于 IIR 系统不稳定，且不便于优化、求解，所以通常用 FIR 系统对信道进行建模。在 FIR 滤波的框架下，信道通常用一组系数 $\{g(i),\ \forall i=0,1,\cdots,L_g-1\}$ 刻画。从信源到传感器的信号模型可写成如下形式。

$$x(n) = \sum_{i=0}^{L_g-1} g(i)s(n-i) \quad \text{式 (6-5)}$$

当系统的输入为单位冲激响应时，可以验证 $X(\mathcal{Z}) = G(\mathcal{Z})$，$x(n) = g(n)$，$\forall n$。因此，在实际中，$\{g(i),\ i = 0,\ 1,\ \cdots,\ L_g - 1\}$ 可以看作截断的单位冲激响应。

6.2　信道的可变性

以空气声学信道为例，信号在从声源经过周围环境到达传感器的时候，往往会经过多条路径。

6.2.1　镜像源模型

镜像源模型的原理如图 6-1 所示。假设声源旁边有一面墙，声源到达观测点有两条路径：一条是直达声线；另一条是声源经过墙面反射到达观测点的路径。对于反射路径，相当于在墙面镜像的“后面”，有一个虚假的声源。在这种情况下，实际上就相当于观测点处会看到两个声源，一个是真实的源，另一个是镜像的源。

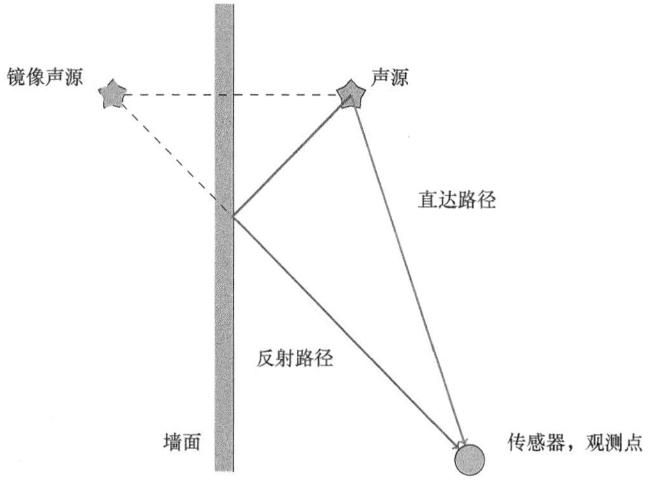

图 6-1　镜像源模型的原理

声波经过墙面反射的时候，墙面往往有一定的吸声现象，声音的能量会损失一部分。为了衡量墙面对声波的吸收情况，通常会用到墙面的反射系数 $\beta_0 \in [0,\ 1]$。$\beta_0 = 0$ 表示声波全部吸收掉，没有反射；$\beta_0 = 1$ 表示声波一点都没吸收，全部反射出来了。

实际空间中一般有多个面，以方形的封闭空间为例，一般有 6 面。为了便于理解，本节讨论的镜像源模型的方形房间为例。声波在这样的空间中传播的时候会经过多次反射。在多次反射过程中，等价于在空间中形成无数个镜像源，这些镜像源的能量也随反射次数的增多逐渐衰减。

给定一个长宽高为 $L_x \times L_y \times L_z$ 的房间，以某一墙角为原点，假设声源的位置是 (x_s, y_s, z_s)，所有镜像源的位置可以描述如下。

$$\mathbf{r}_{q_x, q_y, q_z}^{(p_x, p_y, p_z)} = \begin{pmatrix} (-1)^{p_x} x_s + 2q_x L_x \\ (-1)^{p_y} y_s + 2q_y L_y \\ (-1)^{p_z} z_s + 2q_z L_z \end{pmatrix} \quad \text{式 (6-6)}$$

其中，$q_x = -Q_x, \cdots, Q_x$；$q_y = -Q_y, \cdots, Q_y$；$q_z = -Q_z, \cdots, Q_z$；$p_x = 0, 1$；$p_y = 0, 1$；$p_z = 0, 1$。它们都是整数，用于标明某个源的位置。

每个镜像源到达观测点的时候，都经过了墙面、不同次数的反射。因此，每个镜像源等效声源的能量有所不同。对于 $\mathbf{r}_{q_x, q_y, q_z}^{(p_x, p_y, p_z)}$，墙面对它的整体衰减可以描述如下。

$$\beta_{q_x, q_y, q_z}^{(p_x, p_y, p_z)} = \beta_{x_0}^{|q_x - p_x|} \beta_{x_1}^{|q_x|} \beta_{y_0}^{|q_y - p_y|} \beta_{y_1}^{|q_y|} \beta_{z_0}^{|q_z - p_z|} \beta_{z_1}^{|q_z|} \quad \text{式 (6-7)}$$

其中，q_{x_0}、q_{y_0} 和 q_{z_0} 分别是靠近原点的 3 面墙的反射系数；$\beta_{x_0}^{|q_x - p_x|}$ 则表示经过了第 0 面 x 方向的墙总共 $|q_x - p_x|$ 次，其他参数也是类似的物理含义。

给定镜像源的位置 $\mathbf{r}_{q_x, q_y, q_z}^{(p_x, p_y, p_z)}$ 和每个镜像源的衰减系数 $\beta_{q_x, q_y, q_z}^{(p_x, p_y, p_z)}$，同时给定观测点的位置 $\mathbf{r}_m = (x_m, y_m, z_m)$，可以直接用点源模型计算声学信道的冲激响应，具体如下。

$$g(t) = \sum_{p_x, p_y, p_z = 0}^{1} \sum_{q_x, q_y, q_z} \frac{\beta_{q_x, q_y, q_z}^{(p_x, p_y, p_z)}}{4\pi \|\mathbf{r}_{q_x, q_y, q_z}^{(p_x, p_y, p_z)} - \mathbf{r}_m\|} \delta[t - \|\mathbf{r}_{q_x, q_y, q_z}^{(p_x, p_y, p_z)} - \mathbf{r}_m\| / c] \quad \text{式 (6-8)}$$

对于离散冲激响应，可以直接对 $\delta(t)$ 函数进行采样得到，一种简单的做法如下。

$$g(n) = \sum_{p_x, p_y, p_z = 0}^{1} \sum_{q_x, q_y, q_z} \frac{\beta_{q_x, q_y, q_z}^{(p_x, p_y, p_z)}}{4\pi \|\mathbf{r}_{q_x, q_y, q_z}^{(p_x, p_y, p_z)} - \mathbf{r}_m\|} \delta[n - \lfloor \tau_{q_x, q_y, q_z}^{(p_x, p_y, p_z)} \rceil] \quad \text{式 (6-9)}$$

其中，

$$\tau_{q_x, q_y, q_z}^{(p_x, p_y, p_z)} \triangleq \|\mathbf{r}_{q_x, q_y, q_z}^{(p_x, p_y, p_z)} - \mathbf{r}_m\| f_s / c \quad \text{式 (6-10)}$$

f_s 是采样频率。

由于截断效应，这种方法会对声源的到达时间带来误差，对于阵列信号处理，这样的误差在性能分析时会带来一定的问题。为了解决这个问题，可以采用 $\mathrm{sinc}(x) \triangleq$

$\sin(\pi x)/(\pi x)$ 函数加窗的方法实现分数阶的时延，即

$$g(n)=\sum_{p_x, p_y, p_z=0}^{1}\sum_{q_x, q_y, q_z}\frac{\beta_{q_x, q_y, q_z}^{(p_x, p_y, p_z)}}{4\pi\|\mathbf{r}_{q_x, q_y, q_z}^{(p_x, p_y, p_z)}-\mathbf{r}_{\mathrm{m}}\|}\times \psi_D(n-\tau_{q_x, q_y, q_z}^{(p_x, p_y, p_z)})\,\mathrm{sinc}[n-\tau_{q_x, q_y, q_z}^{(p_x, p_y, p_z)}] \qquad 式 (6-11)$$

其中，$\psi_D(n)$，$\forall n=-D, \cdots, D$ 是一个长度为 $2D+1$ 的窗函数。

6.2.2 随房间大小的变化

由镜像源的位置可知，声源的位置与房间的尺寸是成倍增加的。在平面假设条件下，房间越大，镜像源之间的距离就越远，反映到冲激响应上表现为冲激响应在时间轴上比较稀疏。相反，如果房间很小，镜像源之间的距离就比较密集，表现为冲激响应在时间轴上也比较密集。

不同房间大小、不同反射条件下的冲激响应的示意如图 6-2 所示（对比第 1 幅图和第 2 幅图）。

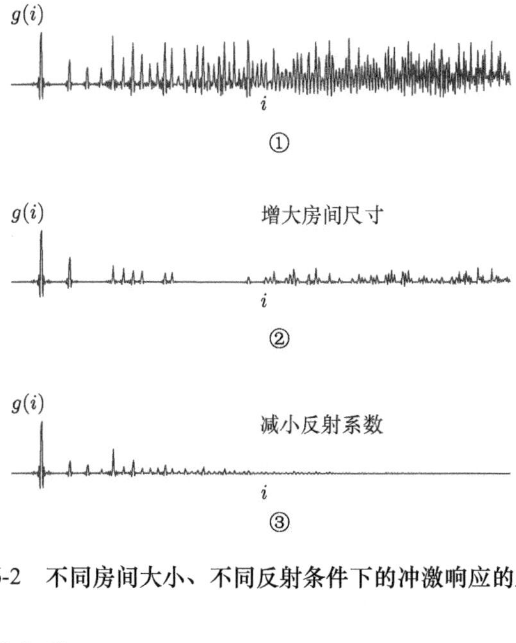

图 6-2 不同房间大小、不同反射条件下的冲激响应的示意

6.2.3 随墙面材质变化

墙面材质不同，反射系数就不同，声波经过墙面后发生的衰减自然也不相同。墙面反射系数大时，声波要经过很多次反射才能消失；相反，当墙面反射系数小时，声波可能只要几次反射就基本消失了。因此，冲激响应的形态不仅受房间几何形状的约束，也受房间墙面材质的影响。

图 6-2 给出了同样几何结构下，不同反射条件下冲激响应的示意（对比图 6-2 中第 1 幅图和第 3 幅图）。

6.2.4 随空间位置变化

镜像源的分布随着声源的位置变化而变化。不同的观测点，声源到观测点的路径也不尽相同。因此，即便是在同样的房间，相同的声源位置，不同的观测点，冲激响应一般也不一样。事实上，正是因为冲激响应的多样性，才使许多阵列处理方法得以在实际中应用。

6.2.5 随周围环境变化

除了房间大小、房间材质、空间相对位置等会影响冲激响应，还有其他较多的因素影响冲激响应。例如，温度的变化会导致声速发生变化，进而影响冲激响应；声源移动时会导致冲激响应发生变化；室内周围有物体移动时也会导致冲激响应发生变化；室内有气流时也会使声学环境发生变化等。总之，房间信道是一个时变的信道，在具体使用时，一般需要实时估计。

6.3 信道的频率选择性

让我们回到 $\mathcal{Z}$ 域来描述一个系统。假定系统的零点和极点分别为 ξ_i 和 μ_i，它们对应的重数分别为 $r_{z;i}$ 和 $r_{p;i}$，利用零极点，可将系统写成如下形式：

$$G(\mathcal{Z}) = G_0 \frac{\prod_{i=0}^{J-1}(\mathcal{Z}-\xi_i)^{r_{z;i}}}{\prod_{i=0}^{I-1}(\mathcal{Z}-\mu_i)^{r_{p;i}}} \qquad \text{式 (6-12)}$$

其中，G_0 是一个常数。

6.3.1 单信道的频率选择性

对于某些特殊的系统，存在 $|\xi_i| = 1$ 的情况，也就是说，在单位圆上存在零点。我们将单位圆上的 ξ_i 表示如下。

$$\xi_i = \mathrm{e}^{\mathrm{j}\omega_{\mathrm{uc},i}} \qquad \text{式 (6-13)}$$

根据系统零极点的描述，可以验证，

$$G(\omega_{\mathrm{uc},i}) = G(\mathcal{Z})|_{\mathcal{Z}=\mathrm{e}^{\mathrm{j}\omega_{\mathrm{uc},i}}} \qquad \text{式 (6-14)}$$

$$= 0 \qquad \text{式 (6-15)}$$

这种信道会滤除掉 $\omega_{\mathrm{uc},i}$ 频率上的信号。在这种情况下，观测信号中就不可能获取 $\omega_{\mathrm{uc},i}$ 上的声源信息。通常情况下，信道具有一定的选择性，有的频段信号保留得很好，有的频段信号则衰减较大，有的频段信号甚至无法通过。信道的频率选择性如图 6-3 所示。

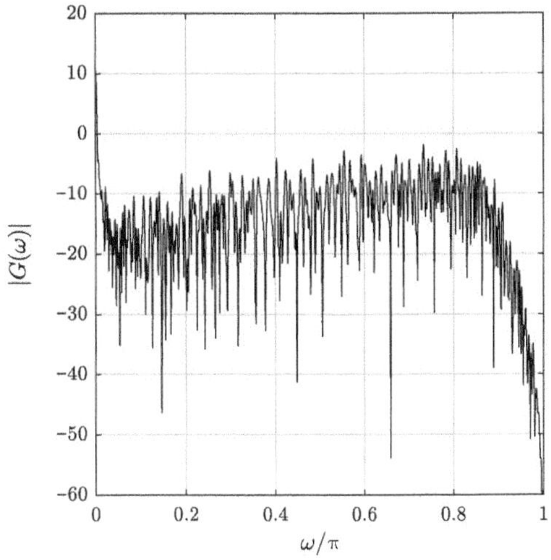

图 6-3　信道的频率选择性

6.3.2　多信道的共零点特性

多信道的共零点特性是麦克风阵列信号处理经常面临的问题。假设总共有 M 个观测点，声源到第 m 个观测点的信道为 $G_m(Z)$。当信道之间存在共零点问题时，所有的信道均可分解如下。

$$G_m(Z) = G_c(Z)G'_m(Z),\ m = 0,\ 1,\ 2,\ \cdots,\ M-1 \qquad 式(6\text{-}16)$$

这种条件下，观测点处的声源信号可以表示如下。

$$X_m(Z) = G_m(Z)S(Z) \qquad 式(6\text{-}17)$$

$$= G'_m(Z)G_c(Z)S(Z),\ m = 0,\ 1,\ 2,\ \cdots,\ M-1 \qquad 式(6\text{-}18)$$

其中，$G'_m(Z)$ 中没有共同零点或者极点。

对于阵列而言，它并不能分清楚 $S(Z)$ 是声源信号，还是 $G_c(Z)S(Z)$ 是声源信号。盲信道在辨识过程中，这部分信道是无法估计出来的。

6.4　信道均衡

源信号在经过信道的时候，波形会发生变化，如何从观测到的信号中恢复信号源信号。这便是信道均衡要研究的问题。

给定声源 $S(Z)$、接收信号 $X(Z)$，信道均衡是希望能够找到一个滤波器 $H(Z)$，使得：

$$S(Z) = H(Z)X(Z) \quad \text{式 (6-19)}$$

由于 $X(Z) = G(Z)S(Z)$，这样的滤波器其实是信道的某种逆系统。

$$H(Z) = 1/G(Z) \quad \text{式 (6-20)}$$

当系统 $G(Z)$ 是最小相位系统时，可恢复源信号，否则，无法实现完全的信道均衡。

对于实际的信道，极点都在单位圆内；系统不可逆意味着单位圆上或者单位圆外存在零点。常见的声学信道大部分是“非最小相位系统”，一个典型的声信道的零点分布如图 6-4 所示。

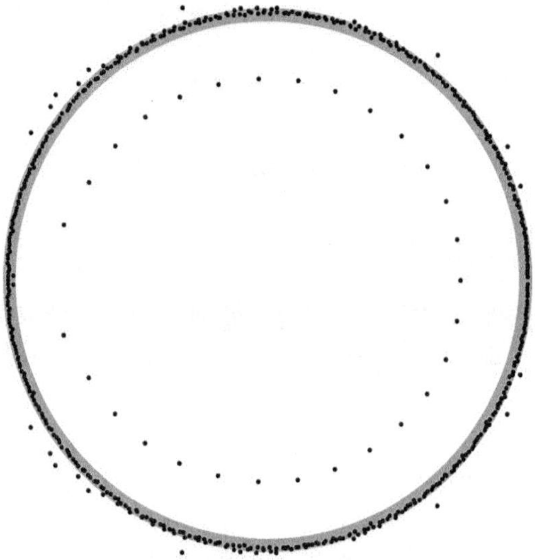

灰色的圆圈表示单位圆

图 6-4　一个典型的声信道的零点分布

对于非最小相位系统，可以将系统分为最小相位系统 $G_{\mathrm{mp}}(Z)$ 和全通系统 $G_{\mathrm{ap}}(Z)$ 的乘积，即

$$G(Z) = G_{\mathrm{mp}}(Z)G_{\mathrm{ap}}(Z) \quad \text{式 (6-21)}$$

我们只对其中的最小相位系统做均衡，这种方法虽然不能达到完全均衡的目的，但能够保证系统是稳定的。

6.5　噪声对消

噪声对消是降噪方面一个十分典型的问题。噪声对消假定观测信号中的一部分噪声 $X_{\mathrm{e}}(Z)$ 由源信号 $S_{\mathrm{e}}(Z)$ 经过信道 $G(Z)$ 构成，即 $X_{\mathrm{e}}(Z) = G(Z)S_{\mathrm{e}}(Z)$。

如此一来，观测信号通常由 3 个部分构成：期望声源信号 $X(Z)$、背景噪声信号 $V(Z)$ 和由噪声源经信道构成的噪声信号 $X_e(Z)$，即：

$$Y(Z) = X(Z) + X_e(Z) + V(Z) \quad \text{式 (6-22)}$$

$$= X(Z) + G(Z)S_e(Z) + V(Z) \quad \text{式 (6-23)}$$

在噪声对消的框架中，噪声的源信号 $S_e(Z)$ 假设是已知的或可以通过一个传感器获得，如果我们能够得到信道的估计 $\widehat{G}(Z)$，就能够得到观测信号里面的部分噪声信号估计，即 $\widehat{G}(Z)S_e(Z)$；将这部分噪声信号从观测信号中减去，即可实现针对 S_e 的对消。

噪声对过程的示意如图 6-5 所示，其关键在于如何利用观测信号 $Y(Z)$ 和噪声源信号 $S_e(Z)$ 实时地估算出信道 $G(Z)$。第 7 章我们将会详细讨论 $G(Z)$ 的实时估计方法。

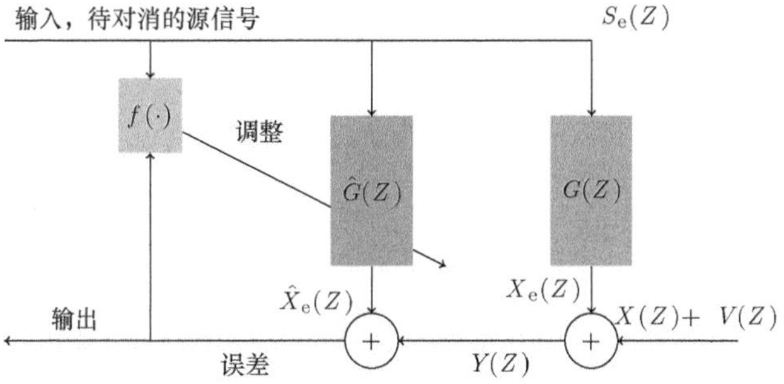

图 6-5　噪声对消过程的示意

6.6　问题

1. 给定一互相垂直的两面墙和声源，以及观测点的位置，试给出观测点处所能观察到的镜像源的个数以及镜像源的虚拟位置。
2. 整理出利用镜像源模型仿真房间冲激响应的算法流程图。
3. 利用镜像源模型，仿真生成声学信道，研究信道在不同参数下的零点分布和频响曲线。
4. 利用镜像源模型，仿真生成声学信道，分析信道是否为最小相位系统，如果不是，则将信道分解成全通系统和最小相位系统，并设计逆滤波器补偿最小相位信道的频率选择性。
5. 信道补偿的另一种方法是时间反转，给出时间反转方法的原理，过程及和均衡方法相比的优缺点。
6. 结合自己的专业，综述相关领域的信道仿真方法。

第 7 章　信道估计

信道估计是信号处理中的重要研究方向之一，基本问题是给定带噪的观测信号，估计信号源到观测点处的冲激响应或者传递函数。本章简要介绍信道估计方法，具体包括的内容如下。

- 信道估计的信号模型，基本原理。
- 最小二乘法（Least Mean Square，LMS）算法。
- 收敛性分析。
- 归一化最小二乘法（Normalized Least Mean Square，NLMS）算法。
- 变换域信道估计方法。

7.1　信号模型

首先考虑一种简单的情况，只有一个声源 $s(n)$，一个观测点，观测点处观测到的信号为 $y(n)$。观测信号中一般包含两个部分：一部分为 $x(n)=s(n)*g(n)$，其中，$g(n)$ 是信道的冲激响应；另一部分是背景噪声 $v(n)$。因此，观测信号可以表示如下。

$$y(n) = x(n) + v(n) \qquad \text{式 (7-1)}$$

$$= \sum_{i=0}^{L_g-1} g(i)s(n-i) + v(n) \qquad \text{式 (7-2)}$$

$$= \mathbf{g}^{\mathrm{T}}\mathbf{s}(n) + v(n) \qquad \text{式 (7-3)}$$

其中，

$$\mathbf{g} = [g(0)\ \ g(1)\ \ \cdots\ \ g(L_g-1)]^{\mathrm{T}} \qquad \text{式 (7-4)}$$

$$\mathbf{s}(n) = [s(n)\ \ s(n-1)\ \ \cdots\ \ s(n-L_g+1)]^{\mathrm{T}} \qquad \text{式 (7-5)}$$

假设 $s(n)$ 和 $v(n)$ 不相关，对式 (7-3) 的两边乘以 $\mathbf{s}^{\mathrm{T}}(n)$ 再取期望，可以得到：

$$\mathbf{R}_{\mathrm{ss}}\mathbf{g} = \mathbf{r}_{\mathrm{sy}} \qquad \text{式 (7-6)}$$

其中，$\mathbf{R}_{\mathrm{ss}} \triangleq \mathbb{E}[\mathbf{s}(n)\mathbf{s}^{\mathrm{T}}(n)]$ 和 $\mathbf{r}_{\mathrm{sy}} \triangleq \mathbb{E}[\mathbf{s}(n)y(n)]$ 分别是源信号的互相关矩阵和自相关向量。

因此，如果信道辨识的时候能够发送一个高斯白噪声为声源（即 $\mathbf{R}_{\mathrm{ss}}=\sigma_s^2\mathbf{I}$），然后计算输入和输出之间的相关向量（即 $\mathbf{r}_{\mathrm{sy}}$），则可完成信道的估计。

实际中即使声源信号是已知的，由于噪声的存在，而且噪声信号 $v(n)$ 不平稳，会给相关系数的估计带来很大的困难；在有些极端的情况下，噪声信号 $v(n)$ 与声源信号 $s(n)$ 之间存在相关性，这种情况下将会使信道的估计变得十分困难。由于多种复杂的原因，信道估计问题虽经过数十年的研究，仍然面临很多挑战。

7.1.1 代价函数

在实际中，信道往往需要实时地根据观测信号进行估计。实时估计需要一个关于信道的代价函数。为了构造代价函数，我们首先定义和观测之间的误差如下：

$$e(n) = y(n) - \mathbf{g}^{\mathrm{T}}\mathbf{s}(n) \qquad \text{式 (7-7)}$$

显然，当 $\mathbf{g}$ 逼近真实值的时候，$e(n)$ 近似等于观测噪声 $v(n)$。如果 $v(n)$ 具有一定的平稳特性，则可以对它的统计特性做一定的假设。

假设 $v(n)$ 服从零均值高斯分布，$e(n)$ 也自然服从高斯分布。这种条件下，我们可以用均方误差作为代价函数，即：

$$\mathcal{J}(\mathbf{g}) = \frac{1}{2}\mathbb{E}[|e(n)|^2] \qquad \text{式 (7-8)}$$

$$= \frac{1}{2}\mathbb{E}[|y(n) - \mathbf{g}^{\mathrm{T}}\mathbf{s}(n)|^2] \qquad \text{式 (7-9)}$$

$$= \frac{1}{2}\sigma_y^2 - \mathbf{g}^{\mathrm{T}}\mathbf{r}_{sy} + \frac{1}{2}\mathbf{g}^{\mathrm{T}}\mathbf{R}_{ss}\mathbf{g} \qquad \text{式 (7-10)}$$

式 (7-10) 中的 1/2 仅用于简化推导，并不具有其他特殊意义。对 $\mathcal{J}(\mathbf{g})$ 求关于 $\mathbf{g}$ 的导数：

$$\frac{\partial \mathcal{J}(\mathbf{g})}{\partial \mathbf{g}} = -\mathbb{E}[\mathbf{s}(n)e(n)] \qquad \text{式 (7-11)}$$

$$= -(\mathbf{r}_{sy} - \mathbf{R}_{ss}\mathbf{g}) \qquad \text{式 (7-12)}$$

令该导数等于零，即可求得式 (7-6) 中的最优信道估计。

7.1.2 最速梯度下降算法

通常情况下，信道是时变的，我们可以用自适应方法，如下面的最速梯度下降法来实时获得信道的估计：

$$\mathbf{g}^{(i+1)} = \mathbf{g}^{(i)} - \mu \left.\frac{\partial \mathcal{J}(\mathbf{g})}{\partial \mathbf{g}}\right|_{\mathbf{g}=\mathbf{g}^{(i)}} \qquad \text{式 (7-13)}$$

$$= \mathbf{g}^{(i)} + \mu(\mathbf{r}_{sy} - \mathbf{R}_{ss}\mathbf{g}^{(i)}) \qquad \text{式 (7-14)}$$

其中，参数 μ 是迭代算法的学习率。参数 μ 取值越大，收敛越快；相反，取值越小，收敛越慢。另外，这个参数的选取要满足一个基本的范围才能使迭代的过程收敛，范围太大会导致迭代过程发散。

为了分析 μ 的选取，我们需要确定是否随着迭代的增加，估计值与真实值之间的误差会逐渐减小。基于这个朴素的原理，定义信道误差：

$$\boldsymbol{\epsilon}^{(i)} \triangleq \mathbf{g}_{\text{true}} - \mathbf{g}^{(i)} \quad \text{式 (7-15)}$$

结合式 (7-14)，可以求得：

$$\boldsymbol{\epsilon}^{(i+1)} = \mathbf{g}_{\text{true}} - \mathbf{g}^{(i+1)} \quad \text{式 (7-16)}$$

$$= \mathbf{g}_{\text{true}} - \mathbf{g}^{(i)} - \mu(\mathbf{r}_{sy} - \mathbf{R}_{ss}\mathbf{g}^{(i)}) \quad \text{式 (7-17)}$$

$$= \mathbf{g}_{\text{true}} - \mathbf{g}^{(i)} - \mu(\mathbf{R}_{ss}\mathbf{g}_{\text{true}} - \mathbf{R}_{ss}\mathbf{g}^{(i)}) \quad \text{式 (7-18)}$$

$$= \boldsymbol{\epsilon}^{(i)} - \mu\mathbf{R}_{ss}\boldsymbol{\epsilon}^{(i)} \quad \text{式 (7-19)}$$

$$= (\mathbf{I} - \mu\mathbf{R}_{ss})\boldsymbol{\epsilon}^{(i)} \quad \text{式 (7-20)}$$

$$= (\mathbf{I} - \mu\mathbf{R}_{ss})^{i+1}\boldsymbol{\epsilon}^{(0)} \quad \text{式 (7-21)}$$

$$= \mathbf{Q}(\mathbf{I} - \mu\boldsymbol{\Lambda})^{i+1}\mathbf{Q}^{\mathrm{T}}\boldsymbol{\epsilon}^{(0)} \quad \text{式 (7-22)}$$

其中，$\mathbf{R}_{ss} = \mathbf{Q}\boldsymbol{\Lambda}\mathbf{Q}^{\mathrm{T}}$，$\mathbf{Q}$ 为 $\mathbf{R}_{ss}$ 特征向量矩阵，$\boldsymbol{\Lambda}$ 为特征值构成的对角矩阵。根据以上分析，可以得到以下几个结论。

(1) 如果误差向量随着迭代趋于零，那么这个迭代一定是收敛的。

可以求得误差向量的内积为：

$$\|\boldsymbol{\epsilon}^{(i+1)}\|_2^2 = \sum_{j=0}^{L_g-1}(1-\mu\lambda_j)^{2i+2}a_j \quad \text{式 (7-23)}$$

其中，λ_j 是特征值，$a_j \triangleq |\mathbf{q}_j^{\mathrm{T}}\boldsymbol{\epsilon}^{(0)}|^2$，$\mathbf{q}_j$ 是特征向量。显然，要使误差趋向零，需要：

$$0 < \mu < \frac{2}{\lambda_j},\ \forall j = 0,\ 1,\ 2,\ \cdots,\ L_g - 1 \quad \text{式 (7-24)}$$

式 (7-24) 可以化简为：

$$0 < \mu < \frac{2}{\lambda_{\max}} \quad \text{式 (7-25)}$$

$\lambda_{\max}$ 是最大的特征值。通过误差的分析可知，只要学习率合适，迭代次数足够多，最速梯度下降算法能够收敛到最优点。

(2) 如果 μ 值满足收敛条件，那么其值越大，$|1-\mu\lambda_j|$ 越小，随着迭代，收敛越快；反之，其值越小，收敛越慢。

(3) 利用特征向量矩阵 $\mathbf{Q}$，可以把任何一个向量 $\mathbf{x}$ 分解如下。

$$\mathbf{x} = \mathbf{Q}\mathbf{Q}^{\mathrm{T}}\mathbf{x} \quad \text{式 (7-26)}$$

$$= \sum_{j=0}^{L_g-1} \mathbf{q}_j \cdot (\mathbf{q}_j^{\mathrm{T}} \mathbf{x}) \qquad 式 (7\text{-}27)$$

其中，系数 $\mathbf{q}_j^{\mathrm{T}}\mathbf{x}$ 就是向量 $\mathbf{x}$ 在特征向量 $\mathbf{q}_j$ 上的分量。因此，可以验证 $\mathbf{q}_j^{\mathrm{T}}\boldsymbol{\epsilon}^{(i+1)}$ 其实是估计出的信道与真实信道在特征向量 $\mathbf{q}_j$ 上的分量的误差，并且，可以求得：

$$|\mathbf{q}_j^{\mathrm{T}}\boldsymbol{\epsilon}^{(i+1)}|^2 = (1-\mu\lambda_j)^{2i+2}a_j \qquad 式 (7\text{-}28)$$

也就是说，虽然是同一个学习率 μ，信道在不同分量上的收敛速度是不一样的。有的分量收敛快，有的分量收敛慢。收敛的快慢取决于源信号在这个子空间上的能量（即 λ_j 值）。

从对最速梯度下降算法的分析可知，选取合适的学习率很重要，信道收敛的快慢不但与学习率相关，更与声源信号的特性有关。

7.2 LMS 算法与 NLMS 算法

7.2.1 LMS 算法

最速梯度下降算法通过迭代的方式能够寻找到最优的信道估计，但它需要估计自相关矩阵和互相关向量。针对该问题，LMS 是把自相关矩阵和互相关向量用单帧信号的瞬时估计值替换，即 $\hat{\mathbf{R}}_{\mathrm{ss}} \leftarrow \mathbf{s}(n)\mathbf{s}^{\mathrm{T}}(n)$，$\hat{\mathbf{r}}_{\mathrm{sy}} \leftarrow \mathbf{s}(n)y(n)$。

具体而言，LMS 算法如下。

$$\mathbf{g}(n) = \mathbf{g}(n-1) + \mu[\mathbf{s}(n)y(n) - \mathbf{s}(n)\mathbf{s}^{\mathrm{T}}(n)\mathbf{g}(n-1)] \qquad 式 (7\text{-}29)$$

$$= \mathbf{g}(n-1) + \mu\mathbf{s}(n)[y(n) - \mathbf{s}^{\mathrm{T}}(n)\mathbf{g}(n-1)] \qquad 式 (7\text{-}30)$$

$$= \mathbf{g}(n-1) + \mu\mathbf{s}(n)e(n) \qquad 式 (7\text{-}31)$$

通常情况下，在实现的时候，LMS 算法分两步来计算：一是计算误差；二是更新信道估计，即：

$$e(n) = y(n) - \mathbf{s}^{\mathrm{T}}(n)\mathbf{g}(n-1) \qquad 式 (7\text{-}32)$$

$$\mathbf{g}(n) = \mathbf{g}(n-1) + \mu\mathbf{s}(n)e(n) \qquad 式 (7\text{-}33)$$

可以验证，在独立同分布的假设下，μ 的取值范围与最速梯度下降算法一样。

LMS 算法用瞬时值替换了数学期望，这种做法会导致一定程度的性能损失。事实上，随着时间的推移，它收敛后的最小均方误差 $\mathcal{J}_{\mathrm{LMS}}(n) \triangleq \mathbb{E}[\mathrm{e}^2(n)]$ 可以描述如下。

$$\lim_{n\to\infty} \mathcal{J}_{\mathrm{LMS}}(n) = \sigma_v^2 + \frac{\mu}{2}L_g\sigma_v^2\sigma_s^2 \qquad 式 (7\text{-}34)$$

式 (7-34) 中的第一项是最速梯度下降算法的最小均方误差，第二项是由随机梯度引入的“超量误差”。

从收敛速度来讲，步长 μ 越大，LMS 算法收敛越快，但是它的估计误差往往也越大；步长越小，收敛越慢，但估计误差会更小。

7.2.2 收敛性分析

对于 LMS 算法，为了保证其收敛性，一种合理的准则是让更新后的“观测信号与估计信号之间的误差”小于更新前的误差。方便起见，我们做如下定义。

$$\varepsilon(n) = y(n) - \mathbf{s}^{\mathrm{T}}(n)\mathbf{g}(n) \qquad \text{式 (7-35)}$$

由于 $\varepsilon(n)$ 是使用更新后的信道所计算的误差，只要能够保证

$$|\varepsilon(n)| < |e(n)| \qquad \text{式 (7-36)}$$

算法就能够逐渐收敛到真实值。可以验证：

$$\varepsilon(n) = y(n) - \mathbf{s}^{\mathrm{T}}(n)[\mathbf{g}(n-1) + \mu\mathbf{s}(n)e(n)] \qquad \text{式 (7-37)}$$

$$= e(n) - \mu\mathbf{s}^{\mathrm{T}}(n)\mathbf{s}(n)e(n) \qquad \text{式 (7-38)}$$

$$= [1 - \mu\mathbf{s}^{\mathrm{T}}(n)\mathbf{s}(n)]e(n) \qquad \text{式 (7-39)}$$

因此，式 (7-36) 意味着 μ 值必须满足如下条件。

$$0 < \mu < \frac{2}{\mathbf{s}^{\mathrm{T}}(n)\mathbf{s}(n)} \qquad \text{式 (7-40)}$$

7.2.3 NLMS 算法

相对 LMS 算法，NLMS 算法的步长如下。

$$\mu(n) = \frac{\alpha}{\mathbf{s}^{\mathrm{T}}(n)\mathbf{s}(n) + \gamma_0} \qquad \text{式 (7-41)}$$

其中，$\alpha \in (0, 2)$ 用于控制学习率，$\gamma_0 > 0$ 是一个比较小的量，用于防止 $\mathbf{s}^{\mathrm{T}}(n)\mathbf{s}(n)$ 过小的时候出现不稳定的情况。

NLMS 算法可以整理如下。

$$e(n) = y(n) - \mathbf{s}^{\mathrm{T}}(n)\mathbf{g}(n-1) \qquad \text{式 (7-42)}$$

$$\mu(n) = \frac{\alpha}{\mathbf{s}^{\mathrm{T}}(n)\mathbf{s}(n) + \gamma_0} \qquad \text{式 (7-43)}$$

$$\mathbf{g}(n) = \mathbf{g}(n-1) + \mu(n)\mathbf{s}(n)e(n) \qquad \text{式 (7-44)}$$

通过变化的学习率，NLMS 算法往往能够比 LMS 算法获得更快的收敛速度；并且，针对 $s(n)$ 动态范围大的情况，NLMS 算法由于时序上的归一化处理，往往能够获得更好的信道估计性能。

7.3 变换域信道估计方法

7.3.1 信号模型

为了估计信道，我们需要刻画信道的误差，信道估计的误差可以描述如下。

$$e(n)=y(n)-\sum_{i=0}^{L_g-1}g(i)s(n-i) \qquad \text{式 (7-45)}$$

对于每个时刻 n，如果我们把 $\{g(i)s(n-i),\ i=0,\ 1,\ \cdots,\ L_g-1\}$ 看作一个序列，然后对这个序列进行分帧处理。假设帧移是 L_s，帧长是 K，加到每帧的窗是 $\psi_K(i)$，$i=0,\ 1,\ \cdots,\ K-1$，那么对于长度为 L_g 的序列，我们总共有 P 帧。

其中，

$$P=\lfloor(L_g-K+L_s)/L_s\rceil \qquad \text{式 (7-46)}$$

窗函数 $\psi_K(i)$ 可以等效于加到信道上，不同的重叠率/步长区别在于算法收敛后如何解算 $\{g(i),\ \forall i\}$。

做如下定义：

$$\mathbf{s}_p(n)\triangleq[s(n-pL_s)\ \ s(n-pL_s-1)\ \ \cdots\ \ s(n-pL_s-K+1)]^{\mathrm{T}} \qquad \text{式 (7-47)}$$

$$\mathbf{g}_p\triangleq[\psi_K(0)g(pL_s)\ \ \psi_K(1)g(pL_s-1)\ \ \cdots\ \ \psi_K(K-1)g(pL_s-K+1)]^{\mathrm{T}} \qquad \text{式 (7-48)}$$

新变量的定义下，误差函数可以表示为：

$$e(n)=y(n)-\sum_{p=0}^{P-1}\mathbf{s}_p^{\mathrm{T}}(n)\mathbf{g}_p \qquad \text{式 (7-49)}$$

同理，我们也可以对观测信号和误差信号进行分帧处理[①]。对于时序上第 q 帧信号，可以定义如下变量：

$$\mathbf{e}(q)\triangleq[\mathrm{e}(qL_s)\ \ \mathrm{e}(qL_s+1)\ \ \cdots\ \ \mathrm{e}(qL_s+K-1)] \qquad \text{式 (7-50)}$$

$$\mathbf{y}(q)\triangleq[y(qL_s)\ \ y(qL_s+1)\ \ \cdots\ \ y(qL_s+K-1)] \qquad \text{式 (7-51)}$$

$$\mathbf{U}_p(q)\triangleq\begin{bmatrix}\mathbf{s}_p^{\mathrm{T}}(qL_s)\\ \mathbf{s}_p^{\mathrm{T}}(qL_s+1)\\ \vdots\\ \mathbf{s}_p^{\mathrm{T}}(qL_s+K-1)\end{bmatrix} \qquad \text{式 (7-52)}$$

① 需要注意的是，这里的分帧只是为了导出频域信号模型，与经典的时频域“分析—处理—重构”框架下的分帧处理不是一回事。

$$= \mathbf{C}_{01}\mathbf{F}_{2K}^{-1}\mathbf{\Lambda}_{s;p}(q)\mathbf{F}_{2K}\mathbf{C}_{10}^{\mathrm{T}} \tag{式 (7-53)}$$

可以验证，这样构造的矩阵 $\mathbf{U}_p(q)$ 是一个 Toeplitz 矩阵。Toeplitz 矩阵可以扩充为一个 2 倍维度的循环卷积矩阵，由于循环卷积矩阵可以利用傅里叶变换矩阵进行特征分解，所以有式 (7-53) 的矩阵分解形式，其中，$\mathbf{C}_{01} \triangleq [\mathbf{0}_{K\times K} \ \ \mathbf{I}_{K\times K}]$ 和 $\mathbf{C}_{10} \triangleq [\mathbf{I}_{K\times K} \ \ \mathbf{0}_{K\times K}]$ 是两个常数矩阵，$\mathbf{F}_{2K}$ 是 DFT 矩阵，$\mathbf{\Lambda}_{s;p}(q)$ 是一个对角矩阵，对角线元素是序列 $\{s(qL_s - pL_s + i)$，$\forall i = -K$，$\cdots$，$K-1\}$ 的傅里叶变换。

根据 $\mathbf{e}(q)$、$\mathbf{y}(q)$ 和 $\mathbf{U}_p(q)$ 的定义，我们可以将式 (7-49) 推广如下：

$$\mathbf{e}(q) = \mathbf{y}(q) - \sum_{p=0}^{P-1}\mathbf{U}_p(q)\mathbf{g}_p \tag{式 (7-54)}$$

$$= \mathbf{y}(q) - \sum_{p=0}^{P-1}\mathbf{C}_{01}\mathbf{F}_{2K}^{-1}\mathbf{\Lambda}_{s;p}(q)\mathbf{F}_{2K}\mathbf{C}_{10}^{\mathrm{T}}\mathbf{g}_p \tag{式 (7-55)}$$

$$= \mathbf{y}(q) - \sum_{p=0}^{P-1}\mathbf{C}_{01}\mathbf{F}_{2K}^{-1}\mathbf{\Lambda}_{s;p}(q)\mathbf{F}_{2K}\mathbf{C}_{10}^{\mathrm{T}}\mathbf{F}_{K}^{-1}\mathbf{F}_{K}\mathbf{g}_p \tag{式 (7-56)}$$

$$= \mathbf{y}(q) - \sum_{p=0}^{P-1}\mathbf{C}_{01}\mathbf{F}_{2K}^{-1}\mathbf{\Lambda}_{s;p}(q)\mathbf{\Gamma}_{2K\times K}\underline{\mathbf{g}}_p \tag{式 (7-57)}$$

$$= \mathbf{y}(q) - \mathbf{C}_{01}\mathbf{F}_{2K}^{-1}\sum_{p=0}^{P-1}\mathbf{\Lambda}_{s;p}(q)\mathbf{\Gamma}_{2K\times K}\underline{\mathbf{g}}_p \tag{式 (7-58)}$$

其中，$\mathbf{\Gamma}_{2K\times K} \triangleq \mathbf{F}_{2K}\mathbf{C}_{10}^{\mathrm{T}}\mathbf{F}_{K}^{-1}$ 是一个常数矩阵，$\underline{\mathbf{g}}_p \triangleq \mathbf{F}_K\mathbf{g}_p$ 是一段冲激响应的傅里叶变换。

再定义：

$$\mathbf{\Lambda}_s(q) \triangleq [\mathbf{\Lambda}_{s;0}(q) \ \ \mathbf{\Lambda}_{s;1}(q) \ \ \cdots \ \ \mathbf{\Lambda}_{s;P-1}(q)] \tag{式 (7-59)}$$

$$\mathbf{\Gamma} \triangleq \mathrm{diag}\{\mathbf{\Gamma}_{2K\times K}, \ \cdots, \ \mathbf{\Gamma}_{2K\times K}\} \tag{式 (7-60)}$$

$$\underline{\mathbf{g}} \triangleq \left[\underline{\mathbf{g}}_0^{\mathrm{T}} \ \ \underline{\mathbf{g}}_1^{\mathrm{T}} \ \ \cdots \ \ \underline{\mathbf{g}}_{P-1}^{\mathrm{T}}\right]^{\mathrm{T}} \tag{式 (7-61)}$$

可将式 (7-58) 重新整理如下。

$$\mathbf{e}(q) = \mathbf{y}(q) - \mathbf{C}_{01}\mathbf{F}_{2K}^{-1}\mathbf{\Lambda}_s(q)\mathbf{\Gamma}\underline{\mathbf{g}} \tag{式 (7-62)}$$

其中，$\mathbf{\Lambda}_s$ 是一系列对角矩阵构成的矩阵，维度为 $2K \times 2KP$；$\mathbf{\Gamma}$ 是一个常数矩阵，且是一个块对角矩阵，维度为 $2KP \times KP$；$\underline{\mathbf{g}}$ 是一个复数向量，长度为 KP。对角矩阵和块对角矩阵的相关运算有快速算法，后续会有介绍。

至此，式 (7-58) 和式 (7-62) 建立了频域的信道估计模型。信道的估计需要设计代价函数估计 $\underline{\mathbf{g}}_p$，然后再将 $\underline{\mathbf{g}}_p$ 进行反傅里叶变换，最后再从结果中重构出整体的信道 $\{g(i)$，$i = 0$，1，2，$\cdots$，$L_g - 1\}$。

7.3.2 代价函数

要估计式 (7-62) 中的信道参数 $\underline{\mathbf{g}}$，需要定义合适的代价函数。一种方式是定义均方误差，然后求代价函数关于 $\underline{\mathbf{g}}$ 的偏导数，利用偏导数、结合瞬时值替代期望值的思路，可以推导出 $\underline{\mathbf{g}}$ 的更新公式。简而言之，构造的代价函数如下：

$$\mathcal{J}(q,\ \underline{\mathbf{g}}) = \sum_{i=0}^{q} w(i,\ q) \sum_{j=0}^{K-1} \hbar\left[\frac{|\mathrm{e}(qL_{\mathrm{s}}+j)|}{\zeta(i)}\right] \qquad \text{式 (7-63)}$$

其中，$w(i,\ q) \geqslant 0$ 是权重函数；$\hbar(\cdot)$ 是一个凸函数；$\zeta(i) > 0$ 是第 i 帧信号对应的归一化因子。其中一种选取方式如下：

$$w(i,\ q) = (1-\lambda)\lambda^{q-i} \qquad \text{式 (7-64)}$$

$$\hbar(x) = \begin{cases} \frac{1}{2}|x|^2, & |x| \leqslant \kappa_0 \\ \kappa_0|x| - \frac{1}{2}\kappa_0^2, & |x| > \kappa_0 \end{cases} \qquad \text{式 (7-65)}$$

$$\zeta(q+1) = \alpha_{\mathrm{s}}\zeta(q) + (1-\alpha_{\mathrm{s}})\frac{\zeta(q)}{Kc_0}\sum_{j=0}^{K-1}\hbar'\left[\frac{|\mathrm{e}(qL_{\mathrm{s}}+j)|}{\zeta(i)}\right] \qquad \text{式 (7-66)}$$

其中，$\lambda \in (0,\ 1)$ 为遗忘因子，$\alpha_{\mathrm{s}} \in (0,\ 1)$ 是一个平滑因子，$c_0 > 0$ 是一个归一化常数，$\hbar'(x)$ 是函数 $\hbar(x)$ 关于 x 的导数。可以验证，$\hbar'(x) = \min\{|x|,\ \kappa_0\}$；也就是说，$\hbar(x)$ 的导数是有界的。

如果选取 $w(i,\ q) = (1-\lambda)\lambda^{q-i}$，可以验证：

$$\mathcal{J}(q,\ \underline{\mathbf{g}}) = \lambda\mathcal{J}(q-1,\ \underline{\mathbf{g}}) + (1-\lambda)\sum_{j=0}^{K-1}\hbar\left[\frac{|\mathrm{e}(qL_{\mathrm{s}}+j)|}{\zeta(q)}\right] \qquad \text{式 (7-67)}$$

显然，代价函数满足递归的关系。因此，基于代价函数的线性操作满足递归关系，基于代价函数的各阶求导也就都满足递归的关系。

7.3.3 两个关键的梯度函数

首先，定义：

$$\mathcal{J}_1(q,\ \underline{\mathbf{g}}) \triangleq \sum_{j=0}^{K-1}\hbar\left[\frac{|\mathrm{e}(qL_{\mathrm{s}}+j)|}{\zeta(q)}\right] \qquad \text{式 (7-68)}$$

代价函数关于信道的导数为：

$$\frac{\partial}{\partial\underline{\mathbf{g}}^*}\mathcal{J}_1(q,\ \underline{\mathbf{g}}) = \sum_{j=0}^{K-1}\frac{\partial}{\partial\underline{\mathbf{g}}^*}\hbar\left[\frac{|\mathrm{e}(qL_{\mathrm{s}}+j)|}{\zeta(q)}\right] \qquad \text{式 (7-69)}$$

$$= \zeta^{-1}(q)\sum_{j=0}^{K-1}\text{sign}[\text{e}(qL_s+j)]\cdot\hbar'\left[\frac{|\text{e}(qL_s+j)|}{\zeta(q)}\right]\cdot\frac{\partial}{\partial\underline{\mathbf{g}}^*}\text{e}^*(qL_s+j)$$ 式 (7-70)

$$= \zeta^{-1}(q)\sum_{j=0}^{K-1}\text{sign}[\text{e}(qL_s+j)]\cdot\hbar'\left[\frac{|\text{e}(qL_s+j)|}{\zeta(q)}\right]\cdot\mathbf{\Gamma}^H\mathbf{\Lambda}_s^H(q)\mathbf{F}_{2K}^{-1H}\mathbf{C}_{01}^H\mathbf{i}_j$$ 式 (7-71)

$$= \mathbf{\Gamma}^H\mathbf{\Lambda}_s^H(q)\mathbf{F}_{2K}^{-1H}\mathbf{C}_{01}^H\boldsymbol{\xi}(q,\ \underline{\mathbf{g}})$$ 式 (7-72)

其中，$\boldsymbol{\xi}(q,\ \underline{\mathbf{g}})$ 是一个长度为 K 的向量，它的第 j 个元素如下。

$$[\boldsymbol{\xi}(q,\ \underline{\mathbf{g}})]_j = \zeta^{-1}(q)\,\text{sign}[\text{e}(qL_s+j)]\cdot\hbar'\left[\frac{|\text{e}(qL_s+j)|}{\zeta(q)}\right]$$ 式 (7-73)

对于牛顿迭代算法，我们还需计算代价函数关于信道的海赛（Hessian）矩阵：

$$\mathcal{H}_1(q,\ \underline{\mathbf{g}}) = \frac{\partial}{\partial\underline{\mathbf{g}}^*}\left[\frac{\partial}{\partial\underline{\mathbf{g}}^*}\mathcal{J}_1(q,\ \underline{\mathbf{g}})\right]^H$$ 式 (7-74)

$$= \sum_{j=0}^{K-1}\frac{\partial}{\partial\underline{\mathbf{g}}^*}\left\{\frac{\partial}{\partial\underline{\mathbf{g}}^*}\hbar\left[\frac{|\text{e}(qL_s+j)|}{\zeta(q)}\right]\right\}^H$$ 式 (7-75)

$$= \zeta^{-2}(q)\sum_{j=0}^{K-1}\hbar''\left[\frac{|\text{e}(qL_s+j)|}{\zeta(q)}\right]\cdot\frac{\partial}{\partial\underline{\mathbf{g}}^*}\text{e}^*(qL_s+j)\cdot\mathbf{\Gamma}^H\mathbf{\Lambda}_s^H(q)\mathbf{F}_{2K}^{-1H}\mathbf{C}_{01}^H\mathbf{i}_j$$ 式 (7-76)

$$= \zeta^{-2}(q)\sum_{j=0}^{K-1}\hbar''\left[\frac{|\text{e}(qL_s+j)|}{\zeta(q)}\right]\cdot\mathbf{\Gamma}^H\mathbf{\Lambda}_s^H(q)\mathbf{F}_{2K}^{-1H}\mathbf{C}_{01}^H\mathbf{i}_j\mathbf{i}_j^{\mathrm{T}}\mathbf{C}_{01}\mathbf{F}_{2K}^{-1}\mathbf{\Lambda}_s(q)\mathbf{\Gamma}$$ 式 (7-77)

$$= \mathbf{\Gamma}^H\mathbf{\Lambda}_s^H(q)\mathbf{F}_{2K}^{-1H}\mathbf{C}_{01}^H\mathbf{\Xi}(q,\ \underline{\mathbf{g}})\mathbf{C}_{01}\mathbf{F}_{2K}^{-1}\mathbf{\Lambda}_s(q)\mathbf{\Gamma}$$ 式 (7-78)

其中，$\mathbf{\Xi}(q,\ \underline{\mathbf{g}})$ 是一个 $K\times K$ 的对角矩阵，它的第（j，j）个元素如下。

$$[\mathbf{\Xi}(q,\ \underline{\mathbf{g}})]_{j,\ j} = \zeta^{-2}(q)\hbar''\left[\frac{|\text{e}(qL_s+j)|}{\zeta(q)}\right]$$ 式 (7-79)

7.3.4 梯度计算与信道更新

定义 $\mathcal{J}(q,\ \underline{\mathbf{g}})$ 关于 $\underline{\mathbf{g}}$ 的梯度和 Hessian 矩阵为：

$$\varphi(q) \triangleq \frac{\partial}{\partial\underline{\mathbf{g}}^*}\mathcal{J}(q,\ \underline{\mathbf{g}})\big|_{\underline{\mathbf{g}}=\underline{\mathbf{g}}(q-1)}$$ 式 (7-80)

$$\mathbf{H}(q) \triangleq \frac{\partial}{\partial\underline{\mathbf{g}}^*}\left[\frac{\partial}{\partial\underline{\mathbf{g}}^*}\mathcal{J}_1(q,\ \underline{\mathbf{g}})\right]^H\Bigg|_{\underline{\mathbf{g}}=\underline{\mathbf{g}}(q-1)}$$ 式 (7-81)

利用代价函数的迭代关系和前述的两个关键梯度函数，可得：

$$\varphi(q) \approx \lambda\varphi(q-1) + (1-\lambda)\boldsymbol{\Gamma}^H \boldsymbol{\Lambda}_s^H(q)\mathbf{F}_{2K}^{-1H}\mathbf{C}_{01}^H \boldsymbol{\xi}[q,\ \underline{\mathbf{g}}(q-1)] \quad \text{式 (7-82)}$$

$$\mathbf{H}(q) \approx \lambda\mathbf{H}(q-1) + (1-\lambda)\boldsymbol{\Gamma}^H \boldsymbol{\Lambda}_s^H(q)\mathbf{F}_{2K}^{-1H}\mathbf{C}_{01}^H \boldsymbol{\Xi}[q,\ \underline{\mathbf{g}}(q-1)]\mathbf{C}_{01}\mathbf{F}_{2K}^{-1}\boldsymbol{\Lambda}_s(q)\boldsymbol{\Gamma} \quad \text{式 (7-83)}$$

利用所求的梯度和 Hessian 矩阵，可以对信道按如下方式更新。

$$\underline{\mathbf{g}}(q) = \underline{\mathbf{g}}(q-1) - \mu\mathbf{H}^{-1}(q)\varphi(q) \quad \text{式 (7-84)}$$

其中，$\mu \in (0,\ 1)$ 为步长因子。至此，我们完成了利用牛顿法估计频域信道的算法推导。

7.3.5 Hessian 矩阵求逆的简化

第一步，假设矩阵 $\boldsymbol{\Xi}(q,\ \underline{\mathbf{g}})$ 的对角线元素均相等。在这样的假设条件下，有：

$$\boldsymbol{\Xi}(q,\ \underline{\mathbf{g}}) \approx \eta(q,\ \underline{\mathbf{g}})\mathbf{I} \quad \text{式 (7-85)}$$

其中，$\eta(q,\ \underline{\mathbf{g}})$ 可以有很多种取值方式，典型的做法是取对角线元素的均值、中值，或者最小值。

在回声对消中，通常用到一个近似等式来简化算法：

$$\mathbf{F}_{2K}^{-1H}\mathbf{C}_{01}^H\mathbf{C}_{01}\mathbf{F}_{2K}^{-1} \approx \frac{1}{4K}\mathbf{I} \quad \text{式 (7-86)}$$

在上述近似条件下，Hessian 矩阵可以化简为：

$$\mathbf{H}(q) \approx \lambda\mathbf{H}(q-1) + (1-\lambda)\frac{\eta(q,\ \underline{\mathbf{g}})}{4K}\boldsymbol{\Gamma}^H\boldsymbol{\Lambda}_s^H(q)\boldsymbol{\Lambda}_s(q)\boldsymbol{\Gamma} \quad \text{式 (7-87)}$$

7.4 问题

1. 利用镜像源方法生成信道，分别以白噪声和语音信号为输入，研究 LMS 算法的收敛性。
2. 利用镜像源方法生成信道，分别以白噪声和语音信号为输入，研究 NLMS 收敛性。
3. 试整理变换域信道估计的算法流程。
4. 推导变换域 LMS 信道估计算法。
5. 结合各自专业，总结信道估计的发展和现状。

第 8 章　阵列信号处理

从单通道到多通道，观测信号多了一个空间维度，如何利用这个维度获得更好的信号增强性能或更多的应用功能，是阵列信号处理通常探讨的问题。随着硬件成本的降低，阵列系统的设计越来越容易，阵列信号处理随之获得了大量研究和广泛应用。本章以麦克风阵列为研究对象，探讨阵列信号处理的基本原理和方法，具体包括如下内容。

- 信号模型和多通道滤波框架。
- 波束图、指向性因子、白噪声增益的概念。
- 经典的延迟求和波束形成器（Delay and Sunbeamforming，DS）和超指向波束形成器（Superdirective beamforming，SD）。

8.1　波束形成框架

类比单通道滤波，多通道条件下，可以将第 m 个通道的观测信号 $y_m(n)$ $(m = 0，1，\cdots，M-1)$ 进行滤波，然后将滤波后的信号进行求和，即可得到阵列输出。

$$z(n) = \sum_{m=0}^{M-1}\sum_{i=0}^{L_h-1} h_m(i)y_m(n-i) \qquad \text{式 (8-1)}$$

利用“时域卷积对应频域乘积”的原理，可将式 (8-1) 重新写为如下公式。

$$Z(\omega) = \sum_{m=0}^{M-1} H_m(\omega)Y_m(\omega) \qquad \text{式 (8-2)}$$

在实际中为了书写和分析的方便，多通道滤波时通常将 $\{h_m(n)，n = 0，1，2，\cdots，L_h-1\}$ 的傅里叶变换表示成 $H_m^*(\omega)$ ①。因此，式 (8-2) 通常写成如下公式。

$$Z(\omega) = \sum_{m=0}^{M-1} H_m^*(\omega)Y_m(\omega) \qquad \text{式 (8-3)}$$

$$= \mathbf{h}^H(\omega)\mathbf{y}(\omega) \qquad \text{式 (8-4)}$$

其中，

$$\mathbf{h}(\omega) \triangleq [H_0(\omega)\ \ H_1(\omega)\ \ \cdots\ \ H_{M-1}(\omega)]^{\mathrm{T}} \qquad \text{式 (8-5)}$$

① 注意不是 $H_m(\omega)$。模型中取共轭能够简化推导和最优波束形成器的表达形式。

$$\mathbf{y}(\omega) \triangleq [Y_0(\omega) \ \ Y_1(\omega) \ \ \cdots \ \ Y_{M-1}(\omega)]^{\mathrm{T}} \qquad 式 (8\text{-}6)$$

由多通道滤波器系数构成的向量 $\mathbf{h}(\omega)$ 称为波束形成器。

时域和频域阵列信号处理框架均有广泛的应用，但是在波束形成器设计和性能分析的时候，频域框架模型简洁、更具优势。

8.2 空间响应

为了分析阵列对空间某方向上信号的响应，假设空间中只有来自 $\varphi \triangleq (\theta,\ \phi)$ 方向的信号。对于小孔径阵列，一般可以假设声源在远场，可以忽略阵列观测信号之间的幅度差异，阵列观测信号之间只存在到达时间上的差异。在上述假设条件下，阵列的观测信号 $\mathbf{y}(\omega)$ 可以表示如下。

$$\mathbf{y}(\omega) = \mathbf{d}(\omega,\ \varphi)S(\omega) \qquad 式 (8\text{-}7)$$

其中，$\mathbf{d}(\omega,\ \varphi)$ 由声源方向、频率和阵列的几何结构确定，通常称为阵列的导向矢量 / 阵列流形。一般来讲，可将导向矢量表示为：

$$\boldsymbol{d}(\omega,\ \varphi) \triangleq [1 \ \ \mathrm{e}^{-\mathrm{j}\omega\tau_1(\varphi)} \ \ \cdots \ \ \mathrm{e}^{-\mathrm{j}\omega\tau_{M-1}(\varphi)}] \qquad 式 (8\text{-}8)$$

其中，变量 $\tau_m(\varphi)$ 是第 m 号麦克风观测信号相对于参考麦克风的时延量。当 ω 为模拟角频率时，$\tau_m(\varphi)$ 的单位是秒；当 ω 为数字角频率时，$\tau_m(\varphi)$ 的单位是采样点（角频率除以 f_{S}，时延乘以 f_{S}）。

将式 (8-7) 代入式 (8-4)，可得：

$$Z(\omega) = \mathbf{h}^H(\omega)\mathbf{d}(\omega,\ \varphi)S(\omega) \qquad 式 (8\text{-}9)$$

显然，参数 $\mathbf{h}^H(\omega)\mathbf{d}(\omega,\ \varphi)$ 刻画了阵列对来自 φ 方向信号的响应。方便起见，引入如下定义：

$$\mathcal{B}(\omega,\ \varphi) \triangleq \mathbf{h}^H(\omega)\mathbf{d}(\omega,\ \varphi) \qquad 式 (8\text{-}10)$$

这便是阵列的波束图，它刻画了阵列的空间响应。

在实际中，通常用分贝尺度来展示波束图，即画出 $20\log_{10}|\mathcal{B}(\omega,\ \varphi)|$ 随角度的变化曲线。波束图示例如图 8-1 所示。在分析波束形成的性能时，通常会用到主瓣宽度、旁瓣级、指向性因子、指向性指数等重要指标。主瓣宽度通常有两种定义：一种是定义主瓣的 3dB 宽度；另一种是主瓣两侧两个零点之间的宽度。对于宽带波束形成方法，除了主瓣宽度、旁瓣级，通常还需要衡量波束图在整个处理频段上的一致性。

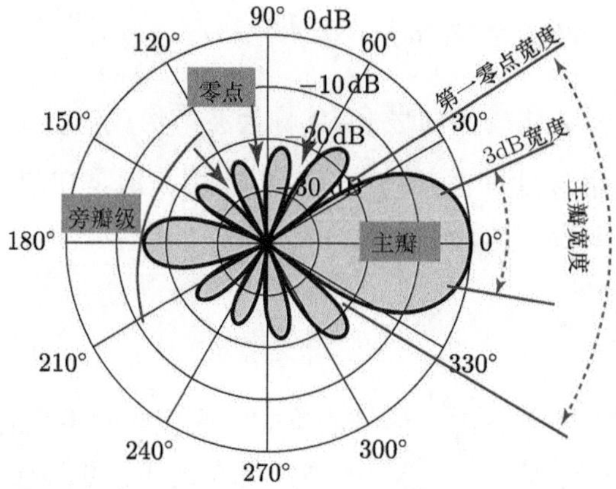

图 8-1　波束图示例

对于一个固定几何结构的阵列，阵列的自由度是有限的。如果控制减小阵列的主瓣宽度，则阵列的旁瓣级会升高；相反，如果控制降低阵列的旁瓣级，则阵列的主瓣宽度便会增大。

8.3　指向性因子和白噪声增益

8.3.1　指向性因子

波束图反映了阵列对来自不同方向信号的响应。通常情况下，波束图在期望声源方向的幅度越大，对其他方向的信号产生的衰减越多。一般来讲，波束形成器的主瓣越窄、旁瓣越低越好，可以通过指向性因子来衡量这一性能，其定义如下。

$$\mathrm{DF}(\omega) \triangleq \frac{|\mathcal{B}(\omega,\ \varphi_0)|^2}{\frac{1}{4\pi}\int_0^{\pi}\sin\theta \mathrm{d}\theta\int_0^{2\pi}|\mathcal{B}(\omega,\ \varphi)|^2\mathrm{d}\phi} \quad 式 (8\text{-}11)$$

$$= \frac{|\mathbf{h}^H(\omega)\mathbf{d}(\omega,\ \varphi_0)|^2}{\mathbf{h}^H(\omega)\boldsymbol{\Gamma}_{\mathrm{dn}}(\omega)\mathbf{h}(\omega)} \quad 式 (8\text{-}12)$$

其中，φ_0 代表期望的导向方向，$\boldsymbol{\Gamma}_{\mathrm{dn}}(\omega)$ 等同于各向同性噪声的协方差矩阵。指向性指数是分贝尺度下的指向性因子，即 $\mathrm{DI}(\omega) = 10\log_{10}\mathrm{DF}(\omega)$。

矩阵 $\boldsymbol{\Gamma}_{\mathrm{dn}}(\omega)$ 的各个元素只与阵列阵元的位置和频率有关。假设第 m 个阵元的位置为 $\mathbf{r}_m \triangleq (x_m,\ y_m,\ z_m)$，矩阵 $\boldsymbol{\Gamma}_{\mathrm{dn}}(\omega)$ 的第（m，n）个元素可通过如下公式计算。

$$[\boldsymbol{\Gamma}_{\mathrm{dn}}(\omega)]_{m,\ n} \triangleq \frac{1}{4\pi}\int_0^{\pi}\sin\theta\mathrm{d}\theta\int_0^{2\pi}\mathrm{e}^{-\mathrm{j}\omega[\tau_m(\varphi)-\tau_n(\varphi)]}\mathrm{d}\phi \quad 式 (8\text{-}13)$$

$$= \frac{1}{2}\int_0^{\pi}\mathrm{e}^{-\mathrm{j}\omega\|\boldsymbol{r}_m-\boldsymbol{r}_n\|/c\cos\theta}\sin\theta\mathrm{d}\theta \quad 式 (8\text{-}14)$$

$$= \frac{\sin(\omega\|\boldsymbol{r}_m-\boldsymbol{r}_n\|/c)}{\omega\|\boldsymbol{r}_m-\boldsymbol{r}_n\|/c} \quad 式 (8\text{-}15)$$

指向性因子的极限随阵列的几何形状不同而不同。一般来讲，对于同样阵元数目的阵列，一维的线阵能够获得最大的指向性，二维的阵列指向性次之，三维阵列的指向性最低。对于 M 元的阵列，如果在线性滤波的框架下，指向性因子的极限是 M^2。该极限可通过小孔径均匀线阵结合超指向波束形成方法达到。方便起见，暂取阵元数目 $M=2^N$，有 $\mathrm{DI}_{\max}\approx 6N\mathrm{dB}$。

8.3.2　白噪声增益

对于小孔径阵列而言，指向性指数高的波束形成器可能对麦克风传感器的自噪声或阵元之间的不匹配非常敏感,衡量这一敏感度的指标是白噪声增益,其定义如下。

$$\mathrm{WNG}(\omega)\triangleq\frac{|\mathbf{h}^H(\omega)\mathbf{d}(\omega,\ \varphi_0)|^2}{\mathbf{h}^H(\omega)\mathbf{h}(\omega)} \tag{式 (8-16)}$$

白噪声增益越高，波束形成器的鲁棒性越好，反之，其鲁棒性越差。容易验证，白噪声增益的极限就是 M。

在实际系统中，白噪声增益的 dB 数可以是负的，白噪声增益与鲁棒性之间的关系取决于麦克风传感器的自噪声水平以及传感器之间的不匹配程度。自噪声水平越低，达到同样的鲁棒性所需的白噪声增益越小。目前，大多数麦克风传感器的自噪声水平在 20 ~ 30dB，只要白噪声增益大于 −15dB ~ −5dB，系统通常不会出现由信号放大产生的白噪声问题，换句话说，系统具有很好的鲁棒性。

8.3.3　信噪比增益

在实际中，观测信号中除了期望声源信号，还包含各种各样的噪声信号。信噪比增益衡量观测信号经过波束形成之后信噪比有多少提升。方便起见，将观测信号 $\mathbf{y}(\omega)$ 中期望声源信号表示为 $\mathbf{x}(\omega)$①，将观测信号中的噪声表示为 $\mathbf{v}(\omega)$，于是有：

$$\mathbf{y}(\omega)=\mathbf{x}(\omega)+\mathbf{v}(\omega) \tag{式 (8-17)}$$

将式 (8-17) 代入式 (8-4)，可将阵列输出描述如下。

$$Z(\omega)=X_{\mathrm{fd}}(\omega)+V_{\mathrm{rn}}(\omega) \tag{式 (8-18)}$$

其中，

$$X_{\mathrm{fd}}(\omega)\triangleq\mathbf{h}^H(\omega)\mathbf{x}(\omega) \tag{式 (8-19)}$$

式 (8-19) 是阵列输出中滤波后的观测信号。

$$V_{\mathrm{rn}}(\omega)\triangleq\mathbf{h}^H(\omega)\mathbf{v}(\omega) \tag{式 (8-20)}$$

① $\mathbf{x}(\omega)$ 为期望声源信号，但它的定义根据应用环境的不同略有不同，主要区别在于对晚期混响的处理，有的方法将晚期混响当作噪声看待，有的方法将晚期混响当作期望信号看待。

式 (8-20) 是阵列输出中滤波后剩余的噪声。

根据式 (8-18)，结合式 (8-19) 和式 (8-20)，阵列输出信号的信噪比可定义如下：

$$\mathrm{oSNR}(\omega) \triangleq \frac{E[|X_{\mathrm{fd}}(\omega)|^2]}{E[|V_{\mathrm{rn}}(\omega)|^2]} \quad 式 (8\text{-}21)$$

$$= \frac{\mathbf{h}^H(\omega)\boldsymbol{\Phi}_{\mathbf{x}}(\omega)\mathbf{h}(\omega)}{\mathbf{h}^H(\omega)\boldsymbol{\Phi}_{\mathbf{v}}(\omega)\mathbf{h}(\omega)} \quad 式 (8\text{-}22)$$

其中，$\boldsymbol{\Phi}_{\mathbf{x}}(\omega) \triangleq E[\mathbf{x}(\omega)\mathbf{x}^H(\omega)]$ 是期望信号的协方差矩阵，$\boldsymbol{\Phi}_{\mathbf{v}}(\omega) \triangleq E[\mathbf{v}(\omega)\mathbf{v}^H(\omega)]$ 是噪声的协方差矩阵。如果定义 $\phi_{X_1}(\omega) \triangleq E[|X_1(\omega)|^2]$，$\phi_{V_1}(\omega) \triangleq E[|V_1(\omega)|^2]$，同时定义，

$$\boldsymbol{\Gamma}_{\mathbf{x}}(\omega) \triangleq \frac{1}{\phi_{X_1}(\omega)}\boldsymbol{\Phi}_{\mathbf{x}}(\omega) \quad 式 (8\text{-}23)$$

$$\boldsymbol{\Gamma}_{\mathbf{v}}(\omega)^{①} \triangleq \frac{1}{\phi_{V_1}(\omega)}\boldsymbol{\Phi}_{\mathbf{v}}(\omega) \quad 式 (8\text{-}24)$$

可将式 (8-22) 重新写成：

$$\mathrm{oSNR}(\omega) = \mathcal{G}(\omega) \cdot \mathrm{iSNR}(\omega) \quad 式 (8\text{-}25)$$

其中，

$$\mathrm{iSNR}(\omega) \triangleq \frac{\phi_{X_1}(\omega)}{\phi_{V_1}(\omega)} \quad 式 (8\text{-}26)$$

式 (8-26) 为参考阵元观测信号的信噪比。

$$\mathcal{G}(\omega) \triangleq \frac{\mathbf{h}^H(\omega)\boldsymbol{\Gamma}_{\mathbf{x}}(\omega)\mathbf{h}(\omega)}{\mathbf{h}^H(\omega)\boldsymbol{\Gamma}_{\mathbf{v}}(\omega)\mathbf{h}(\omega)} \quad 式 (8\text{-}27)$$

式 (8-27) 为波束形成器的窄带信噪比增益。在自由场环境下[②]，窄带信噪比增益与波束图、指向性因子和白噪声增益均有非常密切的联系。在点源噪声环境下，窄带信噪比增益的倒数与波束图等价。在各向同性噪声环境下，窄带信噪比增益等价于指向性因子。在白噪声环境下，窄带信噪比增益与白噪声增益等价。

与窄带信噪比定义类似，宽带的输入和输出信噪比分别定义如下：

$$\mathrm{iSNR} \triangleq \frac{E[x_1^2(t)]}{E[v_1^2(t)]} \quad 式 (8\text{-}28)$$

$$\mathrm{oSNR} \triangleq \frac{E[x_{\mathrm{fd}}^2(t)]}{E[v_{\mathrm{rn}}^2(t)]} \quad 式 (8\text{-}29)$$

---

① 在各向同性噪声环境下，$\boldsymbol{\Gamma}_{\mathbf{v}}(\omega) = \boldsymbol{\Gamma}_{\mathrm{dn}}(\omega)$；在白噪声环境下，$\boldsymbol{\Gamma}_{\mathbf{v}}(\omega) = \mathbf{I}_M$；在点源噪声环境下，$\boldsymbol{\Gamma}_{\mathbf{v}}(\omega) = \mathbf{d}(\omega, \boldsymbol{\varphi}_{\mathrm{psn}})\mathbf{d}^H(\omega, \boldsymbol{\varphi}_{\mathrm{psn}})$。

② 在自由场环境下，$\boldsymbol{\Gamma}_{\mathbf{x}}(\omega) = \mathbf{d}(\omega, \boldsymbol{\varphi}_0)\mathbf{d}^H(\omega, \boldsymbol{\varphi}_0)$

其中，$x_{\text{fd}}(t)$ 和 $v_{\text{rn}}(t)$ 分别是通过 $X_{\text{fd}}(\omega)$ 和 $V_{\text{rn}}(\omega)$ 重构出的信号，表示时域的滤波后的声源信号和剩余噪声信号。宽带信噪比增益则定义如下：

$$\mathcal{G} \triangleq \frac{\text{oSNR}}{\text{iSNR}} \qquad 式 (8\text{-}30)$$

在语音和声信号处理应用中，大多都需要分析宽带输出信噪比和信噪比增益。

8.4 波束形成器设计

波束形成器的设计通常在频域完成，即设计每个频段上的 $\mathbf{h}(\omega)$。设计完成每个频段上的波束形成器之后，可由多种方式完成多通道滤波/波束形成处理：一是求出对应的 FIR 滤波系数，利用时域框架完成滤波；二是利用子带分解的方法结合希尔伯特变换，得到窄带的复数信号完成滤波，滤波完成后取复数信号的实部得到阵列输出；三是利用信号分解、处理和重构的框架，在短时傅里叶变换域完成滤波。总之，方法多样，但核心还是设计波束形成器 $\mathbf{h}(\omega)$。

8.4.1 延迟求和波束形成

顾名思义，延迟求和波束形成就是将各麦克风的观测信号进行一定的延迟，再将延迟后的信号进行叠加。引入延迟的目的是使各通道中的声源信号在时间上对齐，各通道的延迟量取决于声源相对阵列的方位。可以验证，在对齐期望声源信号时，观测信号中来自其他方向的信号自然无法对齐；如此一来，在叠加的过程中，期望信号由于相干叠加会得到很好的保留，来自其他方向的信号会遭到不同程度的抑制。在频域波束形成框架下，延迟求和波束形成器可非常简洁地表示为：

$$\mathbf{h}_{\text{DS}}(\omega) = \frac{1}{M}\mathbf{d}(\omega, \varphi_0) \qquad 式 (8\text{-}31)$$

其中，φ_0 是期望声源的方向，$\mathbf{d}(\omega, \varphi_0)$ 是该方向阵列导向矢量。

延迟求和波束形成器的波束图示例如图 8-2 所示，图 8-2 给出了一个基于均匀线形麦克风阵列的延迟求和波束形成器在不同频率上的波束图，阵元个数为 $M = 5$，相邻阵元之间的间距为 1cm，极坐标的极轴为阵元的连线 (0° ~ 180°)，导向方向为 0°。由于线阵的空间响应是以阵列的轴向为对称的，所以二维波束图就能完全反应阵列的空域响应。

8.4.2 超指向波束形成

超指向波束形成器是指最大化指向性指数（或因子）的波束形成器。由于式 (8-11) 和式 (8-13) 中的双重积分的结果和各向同性噪声的伪方差矩阵相同，所以超指向波束形成器也可以通过求解下面的优化问题来获得。

$$\min_{\mathbf{h}(\omega)} \mathbf{h}^H(\omega)\boldsymbol{\Gamma}_{\text{dn}}(\omega)\mathbf{h}(\omega) \quad \text{s.t.（约束条件）} \quad \mathbf{h}^H(\omega)\mathbf{d}(\omega, \varphi_0) = 1 \qquad 式 (8\text{-}32)$$

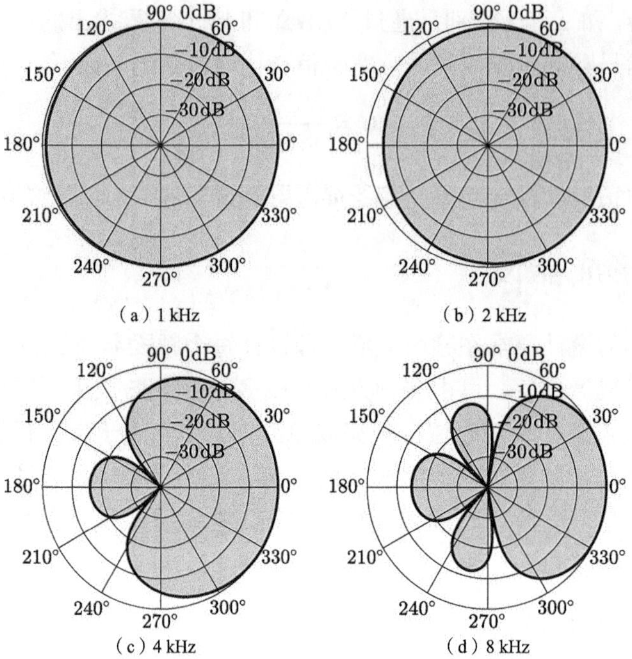

（a）1 kHz （b）2 kHz （c）4 kHz （d）8 kHz

图 8-2 延迟求和波束形成器的波束图示例

其中，$\mathbf{\Gamma}_{\mathrm{dn}}(\omega)$ 是各向同性噪声的协方差矩阵。式 (8-32) 的解为：

$$\mathbf{h}_{\mathrm{SD}}(\omega)=\frac{\mathbf{\Gamma}_{\mathrm{dn}}^{-1}(\omega)\mathbf{d}(\omega,\ \varphi_0)}{\mathbf{d}^H(\omega,\ \varphi_0)\mathbf{\Gamma}_{\mathrm{dn}}^{-1}(\omega)\mathbf{d}(\omega,\ \varphi_0)} \qquad 式\ (8\text{-}33)$$

在实际中，通常需要进行对角加载，即 $\mathbf{\Gamma}_{\mathrm{dn}}(\omega)\leftarrow\mathbf{\Gamma}_{\mathrm{dn}}(\omega)+\epsilon\mathbf{I}$。对角加载可以提升波束形成器的白噪声增益，改善超指向波束形成的鲁棒性，但会牺牲指向性因子，所以严格来讲，对角加载后的波束形成器不一定是超指向波束形成器。对角加载的关键是如何获得最优的加载因子，一般可以根据系统对白噪声增益的要求，利用诸如二分法，快速求解最优的对角加载因子。

超指向波束形成器的波束图示例如图 8-3 所示，其中，阵列参数与图 8-2 中的相同。

8.4.3 差分波束形成

差分波束形成利用麦克风阵列测量声压场的微分场，从而使阵列获得空间上的指向性。差分波束形成的原理如图 8-4 所示，一阶差分波束形成通过将两路麦克风观测信号相减得到，二阶差分波束形成通过对一阶差分的输出再相减得到，以此类推，N 阶差分波束形成通过对两个 $N-1$ 阶差分输出再相减而得。在这种多级级联的结构下，N 阶差分波束形成需要 $N+1$ 个麦克风，阵列的波束图通过控制差分之前的延迟量调整。

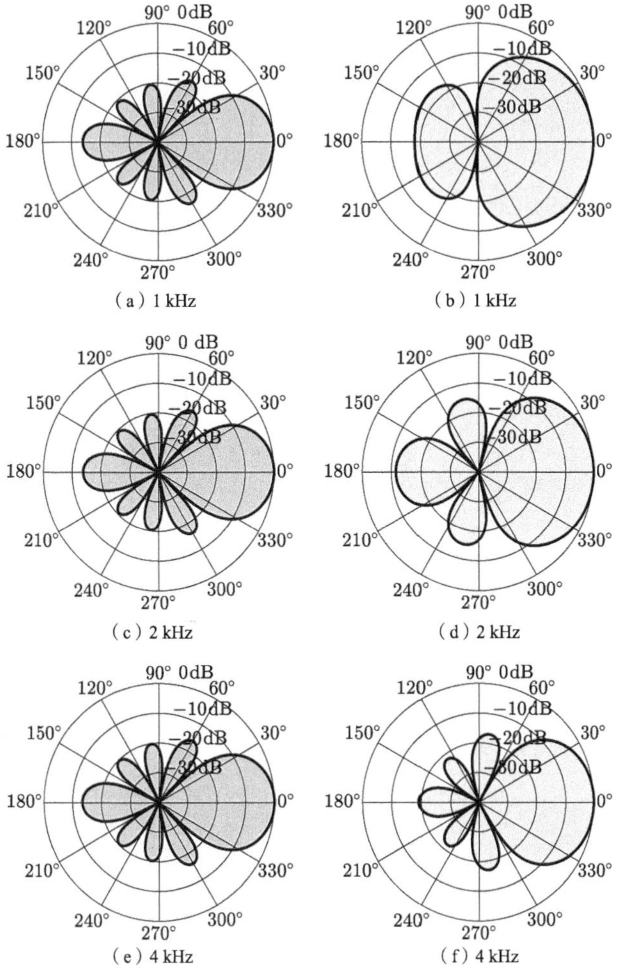

图 8-3　超指向波束形成器的波束图示例

在时频分析—处理—重构的框架下，差分波束形成的多级级联结构可转化成经典的加权求和结构。加权求和滤波器的系数通过求解线性方程组或求解其他问题来获得。例如，多级结构等价于对波束形成器引入如下的约束。

$$\mathbf{D}(\omega, \boldsymbol{\alpha})\mathbf{h}(\omega) = \boldsymbol{\beta} \qquad \text{式 (8-34)}$$

其中，$\boldsymbol{\alpha}$ 和 $\boldsymbol{\beta}$ 是由目标的波束图确定的常数向量，$\mathbf{D}(\omega, \boldsymbol{\alpha})$ 是由阵列导向矢量构成的 $(N+1) \times M$ 维矩阵。当限定阶数时，通常有 $N < M - 1$；利用剩余的自由度提升阵列的白噪声增益即可设计出稳健的差分波束形成器。稳健方法的优化问题可以描述为：

$$\min_{\mathbf{h}(\omega)} \|\mathbf{h}(\omega)\|_2^2 \qquad \text{s.t.} \qquad \mathbf{D}(\omega, \boldsymbol{\alpha})\mathbf{h}(\omega) = \boldsymbol{\beta} \qquad \text{式 (8-35)}$$

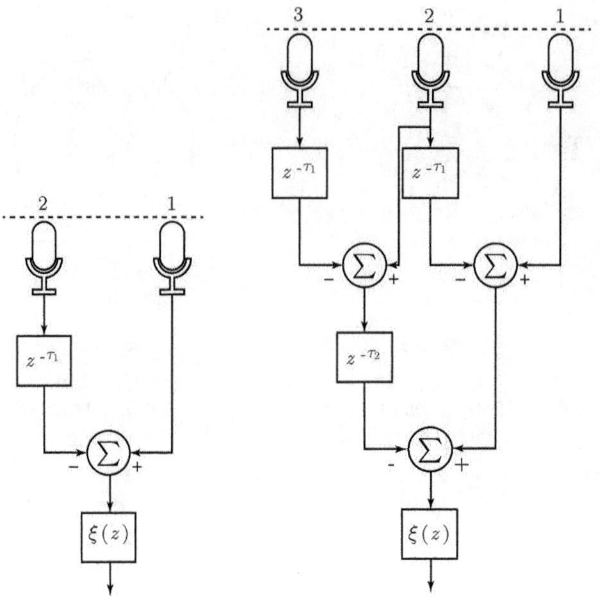

（a）一阶差分波束形成　　（b）二阶差分波束形成

图 8-4　差分波束形成的原理

它的解为：

$$\mathbf{h}_{\mathrm{DMA}}(\omega) = \mathbf{D}^H(\omega, \boldsymbol{\alpha})[\mathbf{D}(\omega, \boldsymbol{\alpha})\mathbf{D}^H(\omega, \boldsymbol{\alpha})]^{-1}\boldsymbol{\beta} \quad \text{式 (8-36)}$$

这便是限定阶数的差分波束形成器。

差分波束形成由于采用差分逼近微分的原理，非常适合小孔径麦克风阵列的设计，能在小孔径阵列的条件下获得高增益和频率一致的波束图。给定阶数 N，它的波束图通常可以表示如下：

$$\mathcal{B}(\omega,\ \varphi) \approx \sum_{n=0}^{N} \alpha_n \cos^n \Theta \quad \text{式 (8-37)}$$

其中，α_n 是一组实系数，Θ 是 φ 与 φ_0 之间的夹角；对于线性阵列，如果取阵列轴向为 z 轴，Θ 即为俯仰角 θ。在实际中，给定目标波束图，可根据式 (8-36) 求解最优的波束形成器。常见的目标波束图有双极形（dipole）、心形（cardioid）、超心形（supercardioid）、锐心形（Hypercardioid）和切比雪夫形指向性图等。典型的差分波束形成器的目标波束图示例如图 8-5 所示。

8.4.4　正交级数展开波束形成

级数展开波束形成的设计思路是将波束图进行拆分与重组，通常分 3 步设计波束形成器：一是将目标波束图和阵列的波束都按某种级数进行展开；二是约束波束图展开中级数项前的系数相等；三是利用阵列剩余的自由度优化波束形成器。

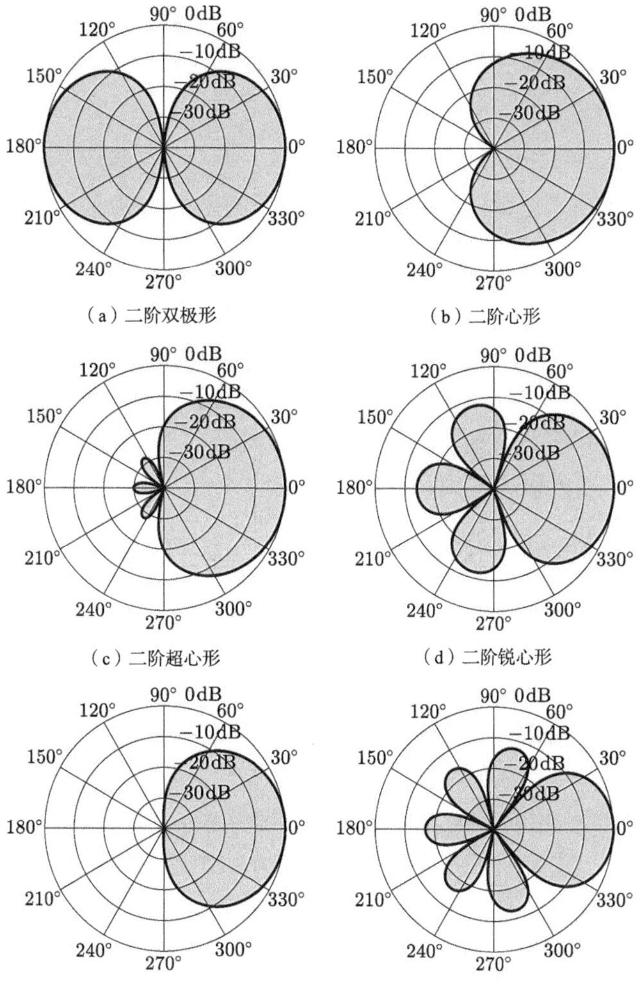

（a）二阶双极形　（b）二阶心形

（c）二阶超心形　（d）二阶锐心形

（e）三阶超心形　（f）三阶锐心形

图 8-5　典型的差分波束形成的波束图示例

给定一组完备的正交级数，阵列的导向矢量可以展开如下。

$$\mathbf{d}(\omega,\ \varphi)=\sum_{n=0}^{\infty}\mathbf{c}_n(\omega)P_n(\varphi) \approx \sum_{n=0}^{L}\mathbf{c}_n(\omega)P_n(\varphi) \qquad \text{式 (8-38)}$$

其中，L 代表级数展开的最大有效阶数，n 代表级数的阶数，$P_n(\varphi)$ 是角度 θ 和角度 ϕ 的函数，它具有按某个非负权函数 $\psi(\varphi)$ 正交的特性，具体如下：

$$\int P_n(\varphi)P_m(\varphi)\psi(\varphi)\mathrm{d}\varphi=\begin{cases}A_n, & n=m\\ 0, & \text{其他}\end{cases} \qquad \text{式 (8-39)}$$

典型的正交级数有切比雪夫级数、勒让德级数、雅可比级数、球谐函数等。如果期望的波束图可以分解成 $\mathcal{B}(\varphi)=\sum_{n=0}^{L}\beta_n P_n(\varphi)$，阵列波束图可通过如下方程设计。

$$\mathbf{C}(\omega)\mathbf{h}(\omega)=\boldsymbol{\beta} \tag{8-40}$$

其中，$\mathbf{C}(\omega)$ 是一个 $(L+1)\times M$ 的矩阵，它的第 i 行为 $\mathbf{c}_i^H(\omega)$，向量 $\boldsymbol{\beta}$ 的第 i 个元素为 β_i，$i=0$，1，$\cdots$，L，如果定义矩阵

$$\boldsymbol{\Gamma}_{\psi}(\omega)\triangleq\int\mathbf{d}(\omega,\varphi)\mathbf{d}^H(\omega,\varphi)\psi(\varphi)\mathrm{d}\varphi \tag{8-41}$$

可以证明，通过最小化 $\mathbf{h}^H(\omega)\boldsymbol{\Gamma}_{\psi}(\omega)\mathbf{h}(\omega)$ 可控制阵列波束图和目标波束图之间的误差，从而获得频率一致的阵列响应。考虑白噪声增益的约束，正交级数展开波束形成器的优化问题可以表述为：

$$\min_{\mathbf{h}(\omega)}\mathbf{h}^H(\omega)\boldsymbol{\Gamma}_{\psi,\epsilon}(\omega)\mathbf{h}(\omega)\quad \text{s.t.}\quad \mathbf{C}(\omega)\mathbf{h}(\omega)=\boldsymbol{\beta} \tag{8-42}$$

其中，$\boldsymbol{\Gamma}_{\psi,\epsilon}(\omega)\triangleq\boldsymbol{\Gamma}_{\psi}(\omega)+\epsilon\mathbf{I}$，参数 ϵ 用于控制阵列的白噪声增益。对应的波束形成器为：

$$\mathbf{h}_{\mathrm{OSE}}(\omega)=\boldsymbol{\Gamma}_{\psi,\epsilon}^{-1}(\omega)\mathbf{C}^H(\omega)\times[\mathbf{C}(\omega)\boldsymbol{\Gamma}_{\psi,\epsilon}^{-1}(\omega)\mathbf{C}^H(\omega)]^{-1}\boldsymbol{\beta} \tag{8-43}$$

一般来讲，ϵ 的值越大，波束形成器的稳健性越好，但是波束图的频率一致性将变差。当 $\epsilon=0$ 时，波束形成器能够从均方误差的角度对目标波束图进行最优逼近，但是阵列波束形成器的稳健性通常比较差。在实际中，通过调整 ϵ 值的大小可在指向性、波束图频率一致性和白噪声增益之间找到一个折中，阵列波束图与目标波束图之间的误差则通过调整权函数 $\psi(\varphi)$ 来控制。

8.4.5 自适应波束形成

固定波束形成在设计过程中未考虑应用场景中的噪声和干扰信号的特性，因此，一般来讲，性能是次优的。一种改进的方法是利用自适应波束形成。一种最为经典的自适应波束形成设计方法是在保证期望信号不失真的条件下最小化阵列输出中剩余噪声的方差。该准则下的波束形成器通常称为 MVDR 波束形成器，也称之为 Capon（卡彭）波束形成器。MVDR 波束形成器常用表达式如下：

$$\mathbf{h}_{\mathrm{MVDR}}(\omega)=\frac{\boldsymbol{\Phi}_{\mathrm{y}}^{-1}(\omega)\mathbf{d}(\omega,\ \varphi_0)}{\mathbf{d}^H(\omega,\ \varphi_0)\boldsymbol{\Phi}_{\mathrm{y}}^{-1}(\omega)\mathbf{d}(\omega,\ \varphi_0)} \tag{8-44}$$

或者

$$\mathbf{h}_{\mathrm{MVDR}}(\omega)=\frac{\boldsymbol{\Phi}_{\mathrm{v}}^{-1}(\omega)\mathbf{d}(\omega,\ \varphi_0)}{\mathbf{d}^H(\omega,\ \varphi_0)\boldsymbol{\Phi}_{\mathrm{v}}^{-1}(\omega)\mathbf{d}(\omega,\ \varphi_0)} \tag{8-45}$$

理论上，自适应波束形成器可以获得比固定波束形成器更好的降噪效果，因为它可以根据噪声的统计特性自适应地调整波束形成滤波器的系数。但在实际系统中设计这类波束形成器需要解决诸多参数估计问题，例如，期望声源的方位、导向矢量、干扰信号或背景噪声协方差矩阵等。在单声源、平稳噪声、混响较弱的声学场景下，对这些参数的估计相对容易；在多声源、非平稳噪声、强混响、时变声学环境下，估计往往非常困难。参数估计不准确一方面会导致噪声抑制性能下降；另一方面会引起信号的自对消，从而产生畸变。因此，参数估计和稳健的实现方法一直是自适应波束形成方面的研究热点。

8.5 问题

1. 在自由场条件下，推导固定波束形成的信噪比增益和波束图、指向性因子和白噪声增益的表达式，以及二者之间的关系。
2. 给定均匀线阵，阵元个数为 20，阵元间距为 2cm，声速 $c = 340\text{m/s}$，信号的频段为 200～4000Hz，试画出延迟求和波束形成随角度和频率变化的波束图，试画出超指向波束形成随角度和频率变化的波束图，对比分析延迟求和波束形成和超指向波束形成的指向性因子和白噪声增益。
3. 结合自身专业，调研阵列信号处理细分领域的发展现状。

第 9 章 语音信号

从本章开始，我们将以语音信号为对象，研究信号的智能分析方法，具体包括如下内容。

- 语音信号的产生机理，发音器官的作用。
- 语音信号产生机理的建模。
- 语音信号频谱的特点。
- 基于自回归（Auto Regressive，AR）模型语音信号的参数估计。

9.1 语音信号的产生机理

语音信号的发声机理如图 9-1 所示，人体用来发声的器官包括肺部（lung）、气管（trachea）、声带（vocal cords）、喉管（larynx）、鼻腔（nasal cavity）、口腔（oral cavity）以及上下唇等。人在发声的时候，肺部会持续往外输出气流，气流经过气管到达声带的时候，声带会呈现交替“闭—合”的状态，经过声带的气流会出现时强时弱的周期特性，类似周期性脉冲信号，气流再由声带出发经过喉管、鼻腔和口腔的共同作用，最后由嘴和鼻辐射出声能量，改变周围的声压。声压经过空气传播，到

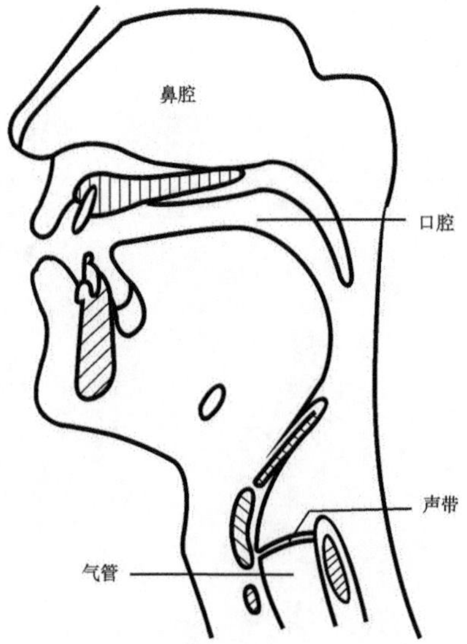

图 9-1 语音信号的发声机理

达听者的耳朵，再由听者对声压进行感知和解码，最终实现人与人之间的对话交流。当人说话的时候，鼻腔和口腔的声学特性（腔体的体积、形状等）会实时发生改变，进而控制辐射出声信号的频谱分布，不同的频谱分布编码了语言、情感等信息，是语音信号建模、处理和分析的重点。在建模语音信号的生成过程中，通常把经过声带的声信号当成激励，把鼻腔和口腔当作时变的信道，用激励卷积信道的方式获取生成的声信号。

9.2 脉冲串模型与信号的基本特征

根据语音信号的产生机理，可将 $x[t]$ 建模成脉冲串信号 $s(\tau)$ 卷积上一个冲激响应 $h(t)$，即

$$x[t] = \int h[\tau]s[t-\tau]\mathrm{d}\tau \quad \text{式 (9-1)}$$

$$= \int h[\tau]\sum_{j=-\infty}^{\infty}\delta(t-\tau-jT_0)\mathrm{d}\tau \quad \text{式 (9-2)}$$

利用“时域卷积对应频域乘积”的性质，$x[t]$ 的傅里叶变换可以表示如下：

$$X(\Omega) = H(\Omega)S(\Omega) \quad \text{式 (9-3)}$$

$$= H(\Omega)\frac{2\pi}{T_0}\sum_{j=-\infty}^{\infty}\delta(\Omega - j\Omega_0) \quad \text{式 (9-4)}$$

$$= \frac{2\pi}{T_0}\sum_{j=-\infty}^{\infty}H(j\Omega_0)\delta(\Omega - j\Omega_0) \quad \text{式 (9-5)}$$

其中，$\Omega_0 = 2\pi/T_0$。

当从时间上截取一段语音信号时，可将得到的语音信号建模成原有的语音信号与一个窗函数的乘积，即

$$x_{\mathrm{c}}[t] = x[t]\cdot\psi[t] \quad \text{式 (9-6)}$$

其中，$\psi[t]$ 是窗函数。

利用“时域乘积对应频域卷积”的性质，可求得 $x_{\mathrm{c}}[t]$ 傅里叶变换如下：

$$X_{\mathrm{c}}(\Omega) = \frac{1}{2\pi}X(\Omega) * W(\Omega) \quad \text{式 (9-7)}$$

$$= \frac{1}{2\pi}\int X(\nu)W(\Omega-\nu)\mathrm{d}\nu \quad \text{式 (9-8)}$$

由于 $X(\Omega)$ 是一系列脉冲串，脉冲串的间隔是 Ω_0；窗函数 $\psi[t]$ 的傅里叶变换 $W(\Omega)$ 是有限的。方便起见，定义 $W(\Omega)$ 的带宽为 BW_ψ。可以验证，

$$BW_\psi \leqslant \Omega_0 \quad \text{式 (9-9)}$$

我们可在所截取到的语音信号傅里叶变换上观察到“谱线”特征。考虑到 $BW_\psi \propto 2\pi/T_\psi$，$\Omega_0 = 2\pi/T_0$，

$$T_\psi \geqslant T_0 \qquad \text{式 (9-10)}$$

也就是说，观测信号的长度要大于脉冲串周期的时候，才能在信号的频谱中观测到“谱线”特征。

9.3 自回归模型

对于语音信号，一种常见的模型是自回归模型。给定语音激励信号 $s(n)$ 和语音信号 $x(n)$，线性预测模型通过一组实系数 $\{a(i),\ i = 1,\ 2,\ \cdots,\ L\}$ 建立起二者之间的关系如下。

$$x(n) = \sum_{i=1}^{L} a(i)x(n-i) + s(n), \quad \forall n \qquad \text{式 (9-11)}$$

假设 $N \geqslant L$，定义如下向量和矩阵。

$$\mathbf{x}(n) = [x(n)\ \ x(n-1)\ \ \cdots\ \ x(n-N+1)]^{\mathrm{T}} \qquad \text{式 (9-12)}$$

$$\mathbf{X}(n) = \begin{bmatrix} x(n-1) & x(n-2) & \cdots & x(n-L) \\ x(n-2) & x(n-3) & \cdots & x(n-L-1) \\ \vdots & \vdots & \ddots & \vdots \\ x(n-N) & x(n-N-1) & \cdots & x(n-N-L+1) \end{bmatrix} \qquad \text{式 (9-13)}$$

$$\mathbf{a} = [a(1)\ \ a(2)\ \ \cdots\ \ a(L)]^{\mathrm{T}} \qquad \text{式 (9-14)}$$

$$\mathbf{s}(n) = [s(n)\ \ s(n-1)\ \ \cdots\ \ s(n-N+1)]^{\mathrm{T}} \qquad \text{式 (9-15)}$$

可将式 (9-11) 模型表示成如下形式：

$$\mathbf{x}(n) = \mathbf{X}(n)\mathbf{a} + \mathbf{s}(n) \qquad \text{式 (9-16)}$$

这个模型通常被用于对参数 $\mathbf{a}$ 的估计。

9.4 自回归模型的求解

1. 基于相关的方法

假设信号在分析窗内是平稳的，也就是说，信号的相关系数只与时间差有关，与时间起点无关，因此有：

$$r_x(j-i) \triangleq \mathbb{E}[x(n-i)x(n-j)] \qquad \text{式 (9-17)}$$

对于实数信号，可以验证：$r_x(j-i)=r_x(i-j)$。

对式 (9-11) 两边同时乘以 $x(n-j)$，$i=1, 2, \cdots, L$，再取期望，同时假设当前的激励与过去的观测无关，即 $\mathbb{E}[x(n-i)s(n)]=0$，$i=1, 2, \cdots, L$，可得：

$$r_x(j)=\sum_{i=1}^{L} a(i)r_x(j-i),\quad \forall j=1, 2, \cdots, L \qquad \text{式 (9-18)}$$

稍加整理，可得：

$$\mathbf{R}_x\mathbf{a}=\mathbf{r}_x \qquad \text{式 (9-19)}$$

其中，

$$\mathbf{R}_x \triangleq \begin{bmatrix} r_x(0) & r_x(1) & \cdots & r_x(L-1) \\ r_x(1) & r_x(0) & \cdots & r_x(L-2) \\ \vdots & \vdots & \ddots & \vdots \\ r_x(L-1) & r_x(L-2) & \cdots & r_x(0) \end{bmatrix} \qquad \text{式 (9-20)}$$

$$\mathbf{r}_x \triangleq [r_x(1)\ \ r_x(2)\ \ \cdots\ \ r_x(L)]^{\mathrm{T}} \qquad \text{式 (9-21)}$$

在实际中，求出自相关矩阵 $\mathbf{R}_x$ 和向量 $\mathbf{r}_x$ 之后，根据式 (9-19) 即可估计出回归系数 $\mathbf{a}$，从而确定信号模型式 (9-11)。

2. 服从拉普拉斯分布

自相关方法在推导的过程中其实引入了一个假设，激励信号 $s(n)$ 服从高斯分布，然而，这一假设在实际中并不成立。

由前述发声机理的探讨可知，激励信号 $s(n)$ 通常用一系列脉冲串进行建模，它在时序上其实是一个稀疏的信号，并不能建模为高斯分布的噪声。

对于稀疏的激励信号，一种更为有效的寻优方法如下：

$$\min_{\mathbf{a}} \|\mathbf{x}(n)-\mathbf{X}(n)\mathbf{a}\|_1 \qquad \text{式 (9-22)}$$

或者说，

$$\min_{\mathbf{a}} \|\mathbf{x}(n)-\mathbf{X}(n)\mathbf{a}\|_1+\lambda_a\frac{1}{\|\mathbf{x}(n)\|_1}\|\mathbf{a}\|_2^2 \qquad \text{式 (9-23)}$$

其中，$\lambda_a>0$ 用于防止 $\mathbf{a}$ 中的系数过大。这类 ℓ_1 范数的优化问题没有显式解，但可以通过交替方向乘子算法（Alternating Direction Method of Multipliers，ADMM）高效求解。

3. 激励信号的二次建模方法

对激励建模的一种方式是直接约束激励的分布，使其更加接近真实的分布；另一种方式是对激励再进行一次建模，把它当作一个高斯随机过程经过另一个特殊信道的输出。对于激励函数通常建模成脉冲串，而脉冲串具有一定的周期性，因此，可将对应的信道建模如下：

$$H_s(\mathcal{Z}) = \frac{1}{1 - \mathcal{Z}^{-T_0}\sum_{i=1}^{L_c} c_i' \mathcal{Z}^{-i+1}} \qquad 式(9\text{-}24)$$

$$= \frac{1}{1 - \sum_{i=T_0}^{T_0+L_c-1} c(i)\mathcal{Z}^{-i}} \qquad 式(9\text{-}25)$$

其中，T_0 对应基音周期，c_i 是一系列实系数，L_c 是系数 c_i 的个数。如果 $L_c = 1$，则 $H_s(\mathcal{Z})$ 有 T_0 个极点均匀分布在 $|\mathcal{Z}| = c_1$ 的圆上。当 c_1 靠近 1 时，这些极点会在频谱上（对应 $\mathcal{Z}$ 平面的单位圆上）形成一系列极值点；具体而言，会在 $\omega = 2\pi j/T_0$，$j = 0$，1，⋯，$T_0 - 1$ 处形成极值点。如果换算成物理频率，它会在 $f = jf_s/T_0$Hz 处形成系列极值点；f_s/T_0 通常称为语言信号的基音频率。

系统的整体的信道可以描述如下：

$$H(\mathcal{Z}) = \frac{1}{1 - \sum_{i=1}^{L} a(i)\mathcal{Z}^{-i}} \cdot \frac{1}{1 - \sum_{i=T_0}^{T_0+L_c-1} c(i)\mathcal{Z}^{-i}} \qquad 式(9\text{-}26)$$

方便起见，定义如下矩阵和向量：

$$\mathbf{T}_a \triangleq \begin{bmatrix} 1 & 0 & 0 & \cdots & 0 & 0 \\ a(1) & 1 & 0 & \cdots & 0 & 0 \\ a(2) & a(1) & 1 & \cdots & 0 & 0 \\ \vdots & \vdots & \vdots & \ddots & \vdots & \vdots \\ 0 & 0 & 0 & \cdots & a(1) & 1 \end{bmatrix} \qquad 式(9\text{-}27)$$

$$\mathbf{c} \triangleq \begin{bmatrix} c(0) & c(1) & c(2) & \cdots & c(T_0 + L_c - 1) \end{bmatrix}^{\mathrm{T}} \qquad 式(9\text{-}28)$$

由于序列 $c(i)$ 理论上只有第 0 个点、第 T_0 个点到第 $T_0 + L_c - 1$ 个点有值，是一个稀疏的序列。考虑到激励建模后，模型噪声服从高斯分布，可最终将 $\mathbf{c}$ 的优化描述为：

$$\min_{\mathbf{c}} \|\mathbf{x}(n) - \mathbf{X}(n)\mathbf{T}_a\mathbf{c}\|_2^2 + \lambda_c \frac{1}{\|\mathbf{x}(n)\|_2^2}\|\mathbf{c}\|_1 \qquad 式(9\text{-}29)$$

其中，$\lambda_c > 0$ 用于控制序列 $c(i)$ 的稀疏性。

在实际中，当解出最优向量 $\mathbf{c}$ 之后，可以在 T_0 的取值范围内寻求最大值点 $c(T_0)$，然后构建如下公式：

$$H_s(\mathcal{Z}) = \frac{1}{1 - \frac{c(T_0)}{c(0)}\mathcal{Z}^{-T_0}} \qquad 式(9\text{-}30)$$

进而得到：

$$H(\mathcal{Z})=\frac{1}{1-\sum_{i=1}^{L}a(i)\mathcal{Z}^{-i}}\cdot\frac{1}{1-\frac{c(T_0)}{c(0)}\mathcal{Z}^{-T_0}} \qquad 式 (9\text{-}31)$$

利用该信道模型，可以得到更加精细化的频谱估计结果。

4. L 曲线

在式 (9-23) 和式 (9-29) 描述的优化问题中，存在超参数 λ_a 和 λ_c。在实际中，如何选取超参数的值很大程度上决定了模型的准确性。为了介绍此类参数的选取方法，我们定义如下优化问题：

$$\min_{\mathbf{a}} \mathcal{J}_1(\mathbf{a})+\lambda\mathcal{J}_2(\mathbf{a}) \qquad 式 (9\text{-}32)$$

其中，$\mathcal{J}_1(\mathbf{a})$ 和 $\mathcal{J}_2(\mathbf{a})$ 是关于待优化变量 $\mathbf{a}$ 的代价函数。

给定 λ 的条件下，将相对应最优的 $\mathbf{a}$ 记作 $\mathbf{a}_\lambda$。显然，随着 λ 增加，$\mathcal{J}_2(\mathbf{a}_\lambda)$ 会随之减小，$\mathcal{J}_1(\mathbf{a}_\lambda)$ 会随之增加；反之亦然。在实际中，我们希望 $\mathcal{J}_1(\mathbf{a}_\lambda)$ 和 $\mathcal{J}_2(\mathbf{a}_\lambda)$ 都很小，但这是不可能的。

随着 λ 值的增加，我们可以算出一系列 $\mathcal{J}_1(\mathbf{a}_\lambda)$ 和 $\mathcal{J}_2(\mathbf{a}_\lambda)$。如果以 $\mathcal{J}_1(\mathbf{a}_\lambda)$ 为 x 轴，$\mathcal{J}_2(\mathbf{a}_\lambda)$ 为 y 轴，可以画出一条单调递减的曲线，其形状与字母 L 相似。当 λ 过小时，会使 $\mathcal{J}_2(\mathbf{a}_\lambda)$ 快速增加；当 λ 过大时，则会使 $\mathcal{J}_1(\mathbf{a}_\lambda)$ 快速增加。只有当 λ 在拐点附近取值时，增加或者减小 λ 不会给 $\mathcal{J}_1(\mathbf{a}_\lambda)$ 或者 $\mathcal{J}_2(\mathbf{a}_\lambda)$ 带来很大的变化。因此，通常情况下，拐点处的 λ 即为最优 λ 的取值。

5. ADMM 算法求解 ℓ_1 范数的优化问题

对于式 (9-23) 中描述的优化问题，通过引入变量 $\mathbf{z}=\mathbf{x}(n)-\mathbf{X}(n)\mathbf{a}$，且 $\lambda_a'=\|\mathbf{x}(n)\|_1/(2\lambda_a)$，可将优化问题描述为：

$$\min_{\mathbf{a},\mathbf{z}} \frac{1}{2}\|\mathbf{a}\|_2^2+\lambda_a'\|\mathbf{z}\|_1, \quad \text{s.t.} \quad \mathbf{X}(n)\mathbf{a}+\mathbf{z}=\mathbf{x}(n) \qquad 式 (9\text{-}33)$$

对于式 (9-29) 中的优化问题，通过引入变量 $\mathbf{z}=\mathbf{c}$，且 $\lambda_c'=\lambda_c/[2\|\mathbf{x}(n)\|_2^2]$，可将优化问题描述为：

$$\min_{\mathbf{c},\mathbf{z}} \frac{1}{2}\|\mathbf{X}(n)\mathbf{T}_a\mathbf{c}-\mathbf{x}(n)\|_2^2+\lambda_c'\|\mathbf{z}\|_1, \quad \text{s.t.} \quad -\mathbf{c}+\mathbf{z}=\mathbf{0} \qquad 式 (9\text{-}34)$$

对比式 (9-33) 和式 (9-34)，这两个优化问题其实是一类问题。方便起见，定义如下优化问题来阐述以上优化问题的求解过程。

$$\min_{\mathbf{a},\mathbf{z}} \frac{1}{2}\|\mathbf{D}\mathbf{a}-\mathbf{e}\|_2^2+\lambda\|\mathbf{z}\|_1, \quad \text{s.t.} \quad \mathbf{A}\mathbf{a}+\mathbf{z}=\mathbf{c} \qquad 式 (9\text{-}35)$$

优化问题中的变量取不同的值时，可以对应优化问题式 (9-33) 和式 (9-34)。根据 ADMM 算法，该优化问题可以通过如下方式迭代求解。

$$\mathbf{a}^{(i+1)} = \arg\min_{\mathbf{a}} \frac{1}{2}\|\mathbf{D}\mathbf{a}-\mathbf{e}\|_2^2 + \rho/2\|\mathbf{A}\mathbf{a}+\mathbf{z}^{(i)}-\mathbf{c}+\mathbf{u}^{(i)}\|_2^2 \quad \text{式 (9-36)}$$

$$= (\mathbf{D}^{\mathrm{T}}\mathbf{D}+\rho\mathbf{A}^{\mathrm{T}}\mathbf{A})^{-1}\{\mathbf{D}^{\mathrm{T}}\mathbf{e}-\rho\mathbf{A}^{\mathrm{T}}[\mathbf{z}^{(i)}-\mathbf{c}+\mathbf{u}^{(i)}]\} \quad \text{式 (9-37)}$$

$$\mathbf{z}^{(i+1)} = \arg\min_{\mathbf{z}} \lambda\|\mathbf{z}\|_1 + \rho/2\|\mathbf{z}+\mathbf{A}\mathbf{a}^{(i+1)}-\mathbf{c}+\mathbf{u}^{(i)}\|_2^2 \quad \text{式 (9-38)}$$

$$= f_{\lambda/\rho}[\mathbf{A}\mathbf{a}^{(i+1)}-\mathbf{c}+\mathbf{u}^{(i)}] \quad \text{式 (9-39)}$$

$$\mathbf{u}^{(i+1)} = \mathbf{u}^{(i)}+\mathbf{A}\mathbf{a}^{(i+1)}+\mathbf{z}^{(i+1)}-\mathbf{c} \quad \text{式 (9-40)}$$

其中，$f_\kappa(x)$ 是软阈值（Soft Thresholding）函数，定义为：

$$f_\kappa(x) \triangleq x\cdot\mathrm{Relu}(1-\kappa/|x|)$$

$\rho > 0$ 是一个惩罚项，可以自适应地随着迭代变换，也可不变。

定义如下两个误差函数：

$$\gamma^{(i+1)} \triangleq \mathbf{A}\mathbf{a}^{(i+1)}+\mathbf{z}^{(i+1)}-\mathbf{c} \quad \text{式 (9-41)}$$

$$\varsigma^{(i+1)} \triangleq \rho\mathbf{A}^{\mathrm{T}}[\mathbf{z}^{(i+1)}-\mathbf{z}^{(i)}] \quad \text{式 (9-42)}$$

当 $\|\gamma^{(i+1)}\|_2 \leqslant \epsilon^{\mathrm{prim}}$ 且 $\|\varsigma^{(i+1)}\|_2 \leqslant \epsilon^{\mathrm{dual}}$ 时，即可停止迭代。一般情况下，还可根据如下方法选取每次迭代的 ρ：

$$\rho^{(i+1)} = \begin{cases} 2\rho^{(i)}, & \|\gamma^{(i)}\|_2 \geqslant 10\|\varsigma^{(i)}\|_2 \\ \frac{1}{2}\rho^{(i)}, & \|\varsigma^{(i)}\|_2 \geqslant 10\|\gamma^{(i)}\|_2 \\ \rho^{(i)}, & \text{其他} \end{cases} \quad \text{式 (9-43)}$$

一般来讲，选取变化的 ρ 可以加快算法的收敛速率。式 (9-37) 中的矩阵求逆运算可以利用联合对角化方法来节省每次迭代消耗的计算资源。针对式 (9-33) 和式 (9-34) 中的优化问题，上述的迭代步骤还可简化，请读者自行化简验证。

9.5 问题

1. 录制一段语音信号，分别取出中心的 10ms，20ms，50ms 和 100ms，分析不同长度下信号频谱的区别。
2. 假设激励源为白噪声，给定 AR 模型回归系数 $\{a(i),\ i=1,\ 2,\ \cdots,\ L\}$ 的条件下，试写出信号的功率谱（提示：如果信号频谱为 $X(\omega)$，功率谱为 $\mathbb{E}[|X(\omega)|^2]$）。
3. 针对式 (9-23) 中的优化问题，给出相应 ADMM 算法的迭代步骤。
4. 针对式 (9-29) 中的优化问题，给出相应 ADMM 算法的迭代步骤。
5. 选取一段 50ms 的语音信号，试画出式 (9-23) 中的优化问题随 λ_a 变化的 L 曲线。

第 10 章　时频域信号分析

语音信号是典型的非平稳信号，分析这种语音信号需要用到短时频谱分析方法，即将一段时间较长的信号分成若干短帧信号，然后再对每一帧信号进行分析，最终得到时频谱图。一段语音信号的时频谱图示意如图 10-1 所示。本章主要讨论信号的短时傅里叶变换（Short Time Fourier Transform，STFT），具体包括如下内容。

- 信号的分帧处理。
- 窗函数的约束，完美重构（Perfect Reconstruction，PR）条件。
- 典型的窗函数：矩形窗、三角窗、汉宁（Hanning）窗、汉明（Hamming）窗、布莱克曼（Blackman）窗、凯泽（Kaiser）窗。
- 时频谱图。

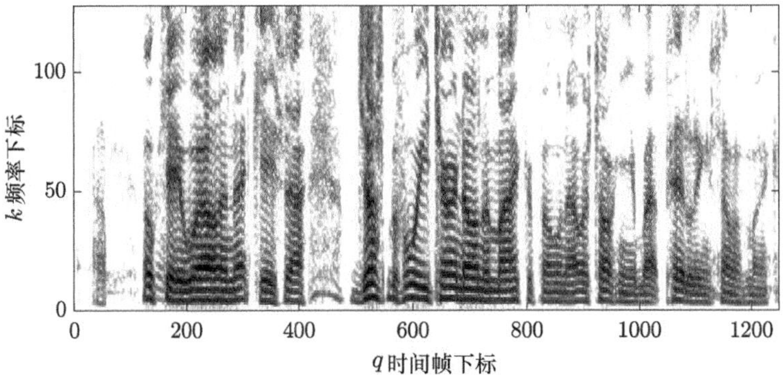

图 10-1　一段语音信号的时频谱图示意

10.1　信号分帧处理

对于一长段待分析的信号 $x_a(n)$，将它加上不同的窗函数 $\psi_q(n) = \psi(n - qL_s)$，其中，$q$ 表示帧的下标，$\psi(n)$，$n = 0$，1，$\cdots$，$L_w - 1$ 描述的是给定形状的一个窗函数。

$$x_q(n) = x_a(n) \cdot \psi_q(n) \qquad \text{式 (10-1)}$$

$$= x_a(n) \cdot \psi(n - qL_s),\ n = 0,\ \cdots,\ \infty \qquad \text{式 (10-2)}$$

由于 $x_q(n)$ 的总长度为 L_w，利用变量代换，可将式 (10-2) 描述如下。

$$x_q(n) = x_{\mathrm{a}}(n + qL_s) \cdot \psi(n)，n = 0，1，2，\cdots，L_w - 1 \qquad 式 (10\text{-}3)$$

在式 (10-3) 中，$x_q(n)$ 表示第 q 帧信号、第 n 个采样点；L_w 是窗长，L_s 是帧移的长度。

信号分帧在帧与帧之间有重叠的时候，通常选取的窗函数为“钟形”曲线。

10.2 PR 条件

考虑到式 (10-2) 的表达式适合所有的 $n = -\infty，\cdots，\infty$，推导 PR 条件将利用该信号模型。根据该模型，可将 $\{x_q(n)，\forall q\}$ 看作分解出来的多路信号。为了在分析的时候能够分析到全部的信息，一种直观的方式是做如下的约束：

$$x_{\mathrm{a}}(n) = \sum_{q=-\infty}^{\infty} x_q(n) \qquad 式 (10\text{-}4)$$

$$= x_{\mathrm{a}}(n) \sum_{q=-\infty}^{\infty} \psi(n - qL_s)，\forall n = -\infty，\cdots，\infty \qquad 式 (10\text{-}5)$$

也就是说，

$$\sum_{q=-\infty}^{\infty} \psi(n - qL_s) = 1，\forall n = -\infty，\cdots，\infty \qquad 式 (10\text{-}6)$$

考虑一种特殊情况，$L_w = QL_s$。也就是说，窗长是帧移的整数倍。在这种条件下，式 (10-6) 可以化简为一个线性方程。

- 当 $n = 0$ 时，式 (10-6) 可写成：

$$\sum_{q=0}^{Q-1} \psi(qL_s) = 1 \qquad 式 (10\text{-}7)$$

- 当 $n = 1$ 时，式 (10-6) 可写成：

$$\sum_{q=0}^{Q-1} \psi(qL_s + 1) = 1 \qquad 式 (10\text{-}8)$$

- 当 $n = i \in (1，L_s - 1]$ 时，式 (10-6) 可写成：

$$\sum_{q=0}^{Q-1} \psi(qL_s + i) = 1 \qquad 式 (10\text{-}9)$$

- 对于其他的 n，式 (10-6) 均可退化成式 (10-9)。

综上所述，当窗长是帧移的整数倍时，式 (10-6) 中描述的 PR 条件等效如下。

$$\mathbf{A}\psi = \mathbf{1} \qquad \text{式 (10-10)}$$

其中，$\mathbf{A}$ 是一个 $L_s \times L_w$ 的矩阵，$\psi = [\psi(0)\ \psi(1)\ \cdots\ \psi(L_w - 1)]^{\mathrm{T}}$ 是长度为 L_w 的向量，$\mathbf{1}$ 是一个元素全为 1 的向量。

显然，帧移越大，约束越多；帧移越小，约束越小。这里分析两个极端的情况：一是帧移等于帧长，$L_s = L_w$，$Q = 1$，此时，$\mathbf{A}$ 是单位矩阵，$\psi = \mathbf{1}$，对应的窗函数为矩形窗，此时，已经没有冗余的自由度去优化窗函数的其他特性；二是帧移等于 1，$L_s = 1$，此时，对窗函数的约束只有一个，也就是窗函数的权系数求和要等于 1，任何非零窗函数都可通过归一化满足该条件。

信号分帧处理不仅在信号分析中经常使用，在信号增强中使用非常频繁。对于信号增强方法，假设 $y(n) = x(n) + v(n)$，其中，$x(n)$ 和 $v(n)$ 分别是期望信号和噪声。通常将 $y_q(n)$ 进行滤波，恢复出期望信号 $x_q(n)$，然后再将 $x_q(n)$ 点乘上重构窗函数 $\psi'(n)$，得到最终当前帧期望信号的估计。实际上，每一帧信号所加窗函数为：$\psi'(n)\psi(n)$。对应的 PR 条件可以描述如下。

$$\sum_{q=-\infty}^{\infty} \psi(n - qL_s)\psi'(n - qL_s) = 1，\forall n = -\infty，\cdots，\infty \qquad \text{式 (10-11)}$$

也可将其简单记作，$\mathbf{A}(\psi \odot \psi') = \mathbf{1}$。

10.3　典型的窗函数

分析一个窗函数不但要看时域窗的形状，而且要看窗的傅里叶变换，其中，能够反应频谱的分辨率、频谱泄露情况等。

定义窗函数为 $\psi_K(n)$，$n = 0，1，2，\cdots，K - 1$。

1. 矩形窗

矩形窗的时域表达式为：

$$\psi_K(n) = \begin{cases} 1, & 0 \leqslant n < K \\ 0, & \text{其他} \end{cases} \qquad \text{式 (10-12)}$$

其傅里叶变换可写成如下形式：

$$\Psi_K(\omega) = \frac{\sin(K\omega/2)}{\sin(\omega/2)} \mathrm{e}^{-\mathrm{j}\omega\tau_0}，\quad \omega \in (-\pi，\pi] \qquad \text{式 (10-13)}$$

可以验证，当 $\omega = 2i\pi/K$，$i = \pm 1，\pm 2，\cdots$ 时，$|\Psi_K(\omega)| = 0$。

矩形窗的傅里叶变换第一个零点出现的位置在 $\omega = 2\pi/K$ 处，对应物理频率为 $f = f_s/K = 1/(T_sK) \approx 1/T$。其中，$T$ 是信号在物理时间上的持续时长。从矩形窗的分析可知，频率分辨率和信号的持续时间呈倒数的关系，信号持续时间越长，频率分辨率越高；反之，信号持续时间越短，频率分辨率越低。

可以验证，矩形窗第一个旁瓣出现的位置在 $\omega = 3\pi/K$ 处，它相对于 $\omega = 0$ 点的幅度如下：

$$\left|\frac{\Psi_K[3\pi/(2K)]}{\Psi_K(0)}\right| = \frac{1}{K\sin[3\pi/(2K)]} \approx \frac{2}{3\pi} = 0.21 \qquad \text{式 (10-14)}$$

对应到分贝数大约是 13dB。这样的旁瓣级对很多应用来说要求太高。

2. 三角窗

三角窗的时域表达式为：

$$\psi_K(n) = \begin{cases} \frac{2n}{K-1}, & 0 \leqslant n < (K-1)/2 \\ 2 - \frac{2n}{K-1}, & (K-1)/2 \leqslant n < (K-1) \\ 0, & \text{其他} \end{cases} \qquad \text{式 (10-15)}$$

其傅里叶变换可写成如下形式：

$$\Psi_K(\omega) = \frac{2}{K}\left[\frac{\sin(K\omega/4)}{\sin(\omega/2)}\right]^2 \mathrm{e}^{-\mathrm{j}\omega\tau_0},\quad \omega \in (-\pi,\ \pi] \qquad \text{式 (10-16)}$$

可以验证，相对于矩形窗，三角窗的旁瓣级低（约为 −25 dB），但主瓣宽度增加了 1 倍。

3. 汉宁窗

汉宁窗的时域表达式如下。

$$\psi_K(n) = \begin{cases} \frac{1}{2}\left[1 - \cos\left(\frac{2\pi n}{K-1}\right)\right], & 0 \leqslant n < K \\ 0, & \text{其他} \end{cases} \qquad \text{式 (10-17)}$$

它的傅里叶变换可以表示为 3 个矩形窗傅里叶变换的组合。汉宁窗的主瓣宽度与三角窗一致，旁瓣级约为 −31dB。

4. 汉明窗

汉明窗的表达式如下。

$$\psi_K(n) = \begin{cases} 0.54 - 0.46\cos\left(\frac{2\pi n}{K-1}\right), & 0 \leqslant n < K \\ 0, & \text{其他} \end{cases} \qquad \text{式 (10-18)}$$

汉明窗的主瓣宽度与三角窗和汉宁窗一致，旁瓣级比三角窗和汉宁窗都低，约为 −41dB。相对于汉宁窗，汉明窗的旁瓣级具有类似等波纹的特性。典型的矩形窗、三角窗、汉宁窗和汉明窗的频谱图对比如图 10-2 所示。

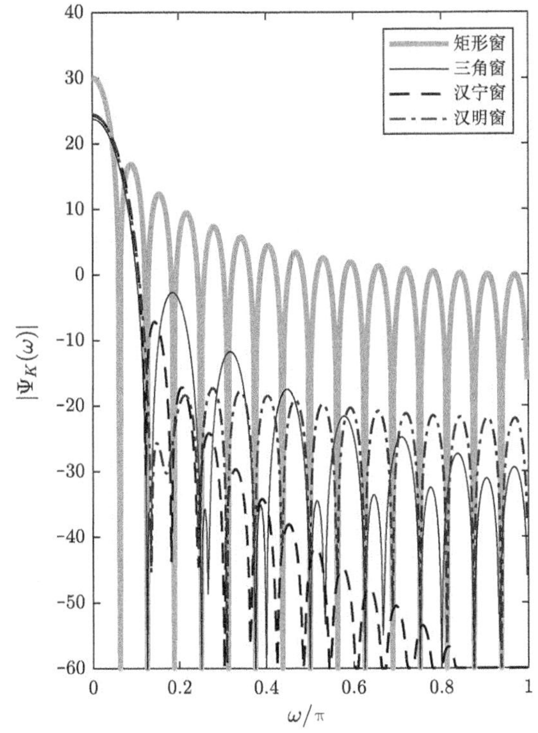

图 10-2　典型的矩形窗、三角窗、汉宁窗和汉明窗的频谱图对比

5. 布莱克曼（Blackman）窗

相比于前面的其他窗函数，布莱克曼窗具有更低的旁瓣级，约为 −57dB，但是布莱克曼的主瓣宽度是矩形窗的 3 倍，比前面的窗都宽。

布莱克曼窗的表达式如下。

$$\psi_K(n)=\begin{cases}0.42-0.5\cos\left(\frac{2\pi n}{K-1}\right)-0.08\cos\left(\frac{4\pi n}{K-1}\right), & 0\leqslant n<K\\ 0, & \text{其他}\end{cases} \quad \text{式 (10-19)}$$

这种窗的傅里叶变换也是几个矩形窗傅里叶变换的叠加，具有解析表达式。

6. 凯泽（Kaiser）窗

凯泽窗是第一类修正贝塞尔函数（Modified Bessel Function of the First Kind, MBFFK），即：

$$\psi_K(n)=\begin{cases}\frac{1}{I_0(\beta)}I_0\left[\beta\sqrt{1-\left(\frac{2n}{K-1}-1\right)^2}\right], & 0\leqslant n<K\\ 0, & 其他\end{cases} \qquad 式(10\text{-}20)$$

其中，$I_0(\cdot)$ 是零阶第一类修正贝塞尔函数。有的时候，式 (10-20) 中的 β 通过 $\beta\triangleq\alpha\pi$ 来控制。

它的傅里叶变换的第一个零点出现的位置如下。

$$\omega=\frac{2\beta}{K}=\frac{2\pi\alpha}{K} \qquad 式(10\text{-}21)$$

对于矩形窗，第一个零点出现的位置在 $2\pi/K$ 处。为了获得较好的抑制效果，我们一般选取 $\alpha>1$，也就是说，$\beta>\pi$。当 $\beta=5.568$ 时，各项指标与汉明窗类似。随着 β 增大，旁瓣级下降，但是主瓣宽度也会随之增加。

10.4 问题

1. 使用 128 点的汉明窗，通过仿真验证汉明窗随帧移的变化满足 PR 条件。
2. 已知通过窗函数的每个点乘以合适的权系数能够使窗函数满足 PR 条件，试推导针对三角窗的二范数最小的权系数表达式。
3. 给定窗长，通过仿真，对比分析矩形窗、三角窗、汉宁窗和汉明窗的主瓣宽度和旁瓣级。
4. 录制一段语言，选取 50ms 的帧长，10ms 的帧移，画出语言信号的时频谱图。
5. 结合自身专业，调研时频分析的发展历史和现状。

第 11 章　MFCC 特征

本章主要从听觉机理出发，讨论语音信号处理的重要特征——梅尔倒谱系数（Mel Frequency Cepstrum Coefficient，MFCC），具体包括如下内容。

- 人耳的听觉机理。
- 梅尔谱。
- 倒谱与包络。
- MFCC 特征。

11.1　人耳的听觉机理

人耳的结构如图 11-1 所示，分为外耳、中耳、内耳 3 个部分。其中，外耳由耳廓、外耳道、鼓膜构成。在听觉感知过程中，声波首先由耳廓进行收集，传入外耳道，引起鼓膜两端声压的变化，鼓膜随声压的变化发生震动。中耳由 3 块小骨头构成，分别为锤骨、砧骨、镫骨。这 3 个小骨头组合起来等效于一个振动转递的装置。当声音经过中耳后，会由卵形窗接入内耳耳蜗部分。耳蜗的构造十分复杂，大体可以看作一根装满水的、口径变化的、盘旋的水管。水管的一端是卵形窗，一端是圆形窗，水管通道的周围还有很多毛细胞。卵形窗连接中耳，感知中耳传来的力的变化，毛细胞用于感知水管通道处压力的变化，将力的变化最终转化成神经信号。这便是

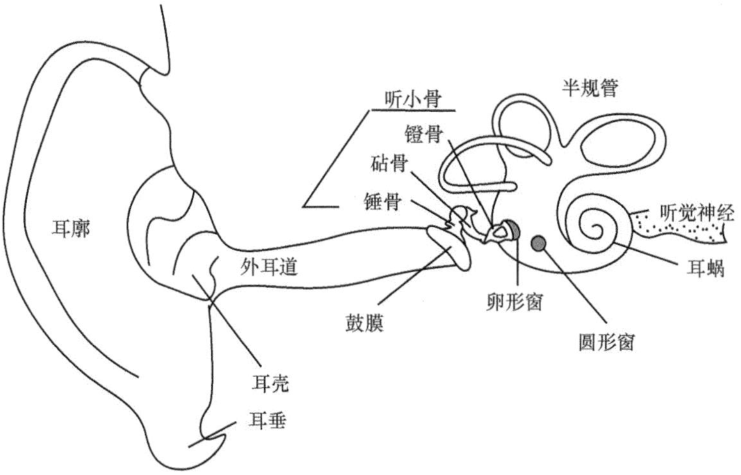

图 11-1　人耳的结构

人耳听觉系统的基本构成①。

耳蜗不同位置对不同频率信号的响应是不一样的。如果将声压由外耳、中耳最后传递到内耳这个过程引起的耳蜗各部分压力的变化看作一个线性系统，将声压信号进行傅里叶级数展开，可以发现，人耳的听觉系统在进入神经系统之前，等价于一个滤波器组，对不同频段的信号进行筛选。滤波器组中的每个滤波器用于刻画特定耳蜗位置对声信号的筛选特性。

11.2 滤波器组

人耳对信号不同频率分量的感知并不是均匀分布的；因此，等效的滤波器组的中心频率和带宽也不相同。大体上讲，低频段信号分量感知精细，对应滤波器组分布密集、带宽小；高频段信号分量感知粗犷，滤波器组分布稀疏、带宽大。为了给这样的滤波器组建模，人们提出了三分之一倍频程、梅尔频率和等效矩形带宽（Equivalent Rectangular Bandwidth，ERB）等概念。

11.2.1 $\frac{1}{3}$ 倍频程

大家常用的倍频程有两种：10 倍频程（dB/Decade）和 2 倍频程（dB/Octave）。给定一个参考频率 f_0，在 10 倍频程标准下，信号的频率划分如下：

$$f_i = 10^i f_0\,,\ i = 0,\ 1,\ 2,\ \cdots,\ I-1 \qquad \text{式 (11-1)}$$

给定同样的参考频率，在 2 倍频程标准下，信号的频率划分如下：

$$f_i = 2^i f_0\,,\ i = 0,\ 1,\ 2,\ \cdots,\ I-1 \qquad \text{式 (11-2)}$$

$\frac{1}{3}$ 倍频程是基于 2 倍频程标准下的一个改进的分频方法，它将每个 2 倍频程等分成 3 份。给定参考频率 f_0，$\frac{1}{3}$ 倍频程下信号的频率划分如下：

$$f_i = 2^{i/3} f_0\,,\ i = 0,\ 1,\ 2,\ \cdots,\ I-1 \qquad \text{式 (11-3)}$$

11.2.2 梅尔频率

人耳听觉系统对信号高低频的分辨率不同。在低频段，信号频率增加和人耳能够感知到的音高增加的量基本呈线性关系。但是在高频段，随着频率的增加，人耳感知到的音高的变化低于信号实际频率的变化。

---

① 内耳部分还有一个半规管结构，该结构由 3 个朝向不同的环状结构构成，内部构造与耳蜗类似。不过，它的功能不是感知声压，而是感知人体的姿态，相当于人体的陀螺仪。当半规管发生病变时，人会出现眩晕的症状。

为了给人耳感知频率与实际频率之间的关系建模，前人提出了梅尔频率，它与物理频率之间的关系如下：

$$f^{\mathrm{mel}} = 1125\ln(1 + f/700) \qquad 式 (11\text{-}4)$$

其中，f 的单位为 Hz。梅尔频率到物理频率的转换关系为：

$$f = 700(\mathrm{e}^{f^{\mathrm{mel}}/1125} - 1) \qquad 式 (11\text{-}5)$$

在实际中，对于物理频率，我们关心的频段通常存在最低频率 f_{min} 和最高频率 f_{max}。根据 f_{min} 和 f_{max}，可以折算出对应的梅尔频率 $f_{\mathrm{min}}^{\mathrm{mel}}$ 和 $f_{\mathrm{max}}^{\mathrm{mel}}$。如果在做信号分析的时候有 $I-2$ 的频点①，首先在梅尔频率的尺度上进行线性等分 $I-3$ 段。

$$f_i^{\mathrm{mel}} = \frac{f_{\mathrm{max}}^{\mathrm{mel}} - f_{\mathrm{min}}^{\mathrm{mel}}}{I-3}(i-1) + f_{\mathrm{min}}^{\mathrm{mel}}，\ i = 1，2，\cdots，I-2 \qquad 式 (11\text{-}6)$$

利用式 (11-5)，可以求得：

$$f_i = 700(\mathrm{e}^{f_i^{\mathrm{mel}}/1125} - 1)，\ i = 1，2，\cdots，I-2 \qquad 式 (11\text{-}7)$$

结合首尾两个频点 f_0 和 f_{I-1}，即可得到整个中心频率的序列 $\{f_i，i = 0，1，2，\cdots，I-1\}$。例如，可以取 $f_{\mathrm{min}} = 300\mathrm{Hz}$，$f_{\mathrm{max}} = 7000\mathrm{Hz}$，$I-2 = 32$，求出系列频点 f_i。

11.2.3 等效矩形带宽

ERB 的表达式如下：

$$\mathrm{ERB}(f_i) = 0.108 f_i + 24.7，\ i = 0，1，2，\cdots，I-1 \qquad 式 (11\text{-}8)$$

ERB 用于刻画人耳听觉系统的临界带宽，而临界带宽描述的是人耳上能够区分两个不同频率信号的频带宽度。

11.2.4 伽马通（Gammatone）滤波器组

通常情况下，Gammatone 滤波器组由它的冲激响应来刻画，它的函数是伽马（Gamma）分布和一个载波信号的乘积，即：

$$h(t) = \begin{cases} at^{N-1}\mathrm{e}^{-2\pi bt}\cos(2\pi f_{\mathrm{c}}t + \phi), & t \geqslant 0 \\ 0, & t < 0 \end{cases} \qquad 式 (11\text{-}9)$$

其中，N 是滤波器的阶数，a 和 b 是两个常数，ϕ 是初始相位，f_{c} 是载波频率（该频率对应各频段的中心频率 f_i）。

① 保留首尾两个频点。

对该冲激响应做傅里叶变换，可以得到：

$$H(f) = A\left[H_1^N(f)\mathrm{e}^{\mathrm{j}\phi} + H_1^{N*}(-f)\mathrm{e}^{-\mathrm{j}\phi}\right] \quad \text{式 (11-10)}$$

其中，

$$A = \frac{a}{2}(N-1)!(2\pi b)^N \quad \text{式 (11-11)}$$

$$H_1(f) = \frac{1}{1+\mathrm{j}(f-f_\mathrm{c})/b} \quad \text{式 (11-12)}$$

当 f_c/b 比较大时，近似有：

$$|H(f)|^2 \approx A^2\left|\frac{1}{1+(|f|-f_\mathrm{c})^2/b^2}\right|^N \quad \text{式 (11-13)}$$

从式 (11-13) 可以看出，常数 b 和阶数 N 共同控制了滤波器的带宽。b 越大，带宽越大；N 越大，带宽越小。分析音频信号一般取 $N=4$，$b \in (f_\mathrm{c}/8，f_\mathrm{c}/4)$。

对于 Gammatone 滤波器组，ERB 等效带宽[①] 为：

$$BW_\mathrm{ERB} = \frac{(2N-2)!2^{2-2N}\pi}{[(N-1)!]^2}b \quad \text{式 (11-14)}$$

另外，3dB 带宽为：

$$BW_\mathrm{3dB} = 2(2^{1/N}-1)^{1/2}b \quad \text{式 (11-15)}$$

根据这两个带宽的指标，可以设计每个频段对应的参数 b。

1. 基于 FIR 滤波结构的 Gammatone 滤波器组

给定采样率 f_s、采样间隔 T_s 和滤波器长度 L_s，FIR 滤波器可通过下式计算：

$$h(n) = h(nT_\mathrm{s})\psi_{L_\mathrm{s}}(n) \quad \text{式 (11-16)}$$

$$= a(nT_\mathrm{s})^{N-1}\mathrm{e}^{-2\pi bnT_\mathrm{s}}\cos(2\pi f_\mathrm{c}nT_\mathrm{s}+\phi)\psi_{L_\mathrm{s}}(n)，n=0，1，\cdots，L_\mathrm{s}-1 \quad \text{式 (11-17)}$$

其中，$\psi_{L_\mathrm{s}}(n)$ 是加到 Gammatone 函数上的窗函数，用于避免频谱混叠。

2. 基于 IIR 滤波结构的 Gammatone 滤波器组

利用傅里叶变换与拉普拉斯变换的关系（$\mathcal{S} = \mathrm{j}\Omega = \mathrm{j}2\pi f$），可将式 (11-10) 表示为：

$$H(\mathcal{S}) = A[H_1^N(\mathcal{S})\mathrm{e}^{\mathrm{j}\phi} + H_1^{N*}(-\mathcal{S})\mathrm{e}^{-\mathrm{j}\phi}] \quad \text{式 (11-18)}$$

$$H_1(\mathcal{S}) = \frac{2\pi b}{\mathcal{S}-\mathrm{j}2\pi f_\mathrm{c}+2\pi b} \quad \text{式 (11-19)}$$

① 定义为：$2BW_\mathrm{ERB}\cdot|H(f_\mathrm{c})|^2 = \int_{-\infty}^{\infty}|H(f)|^2\mathrm{d}f$

由此可见，整个系统 $H(\mathcal{S})$ 其实是由很多个一阶系统 $H_1(\mathcal{S})$ 级联构成。每个一阶系统的极点位置为：$\alpha_0 = \mathrm{j}2\pi f_\mathrm{c} - 2\pi b$。根据冲激响应不变法设计滤波器的思路，该极点对应 $\mathcal{Z}$ 域下的极点位置为：

$$\mu_0 = \mathrm{e}^{\alpha_0 T_\mathrm{s}} = \mathrm{e}^{\mathrm{j}2\pi f_\mathrm{c} T_\mathrm{s} - 2\pi b T_\mathrm{s}} \qquad 式\ (11\text{-}20)$$

该极点对应的一阶 IIR 系统如下：

$$H_1(\mathcal{Z}) = \frac{2\pi b}{1 - \mu_0 \mathcal{Z}^{-1}} \qquad 式\ (11\text{-}21)$$

利用多个一阶 IIR 系统串联，即可得到基于 IIR 滤波结构的 Gammatone 滤波器。

通过改变中心频率 f_c，可以得到一组 Gammatone 滤波器。Gammatone 滤波器的设计还有很多方法，这里不做详细讨论。

11.3　线性加权与梅尔谱

给定梅尔频率 $\{f_i,\ i = 0,\ 1,\ 2,\ \cdots,\ I-1\}$，注意首尾频率 f_0 和 f_{I-1} 对应的是最低频率和最高频率。给定离散傅里叶变换的点数 K，采样率 f_s，第 i 个频率对应的离散频率的下标为：

$$\varsigma_i = \left\lfloor \frac{f_i}{f_\mathrm{s}} K \right\rfloor,\quad \forall i = 0,\ 1,\ 2,\ \cdots,\ I-1 \qquad 式\ (11\text{-}22)$$

可以以这些频点为基准，把整个频段分为 $I-2$ 个子频段。第 i $(i = 1,\ 2,\ \cdots,\ I-2)$ 个频段包含的下标集合为 $\{\varsigma_{i-1},\ \varsigma_{i-1}+1,\ \cdots,\ \varsigma_i,\ \cdots,\ \varsigma_{i+1}\}$。将这些离散频率对应的信号频谱进行加权求和，即可得到信号的梅尔谱。梅尔谱实际上可以看作简化版本的 Gammatone 滤波器组的输出。

对于第 i 个频段，对应的加权滤波器共有 $\varsigma_{i+1} - \varsigma_{i-1} + 1$ 个系数。将这些滤波器系数记作 $\psi_i(j)$，$j = 0,\ 1,\ 2,\ \cdots,\ \varsigma_{i+1} - \varsigma_{i-1} + 1$，可得：

$$\psi_i(j) = \begin{cases} \frac{1}{\varsigma_i - \varsigma_{i-1}} j, & 0 \leqslant j \leqslant \varsigma_i - \varsigma_{i-1} \\ -\frac{1}{\varsigma_{i+1} - \varsigma_i}(j - \varsigma_{i+1} + \varsigma_{i-1}), & \varsigma_i - \varsigma_{i-1} < j \leqslant \varsigma_{i+1} - \varsigma_{i-1} \end{cases} \qquad 式\ (11\text{-}23)$$

其形状类似一个三角窗。

给定信号的离散傅里叶变换 $X(k)$，$k = 0,\ 1,\ 2,\ \cdots,\ K-1$，信号在每个频段上的梅尔谱可以通过如下公式计算：

$$\overline{X}^{\mathrm{mel}}(i) = \sum_{j=0}^{\varsigma_{i+1} - \varsigma_{i-1}} \psi_i(j) |X(\varsigma_{i-1} + j)|^2,\quad i = 1,\ 2,\ \cdots,\ I-2 \qquad 式\ (11\text{-}24)$$

对于每一帧信号，通过对 K 个频点的信号进行加权，最终得到 $I-2$ 个梅尔谱系数。

11.4 谱包络与倒谱

一般来讲，一个随机信号的频谱可以分解为谱包络与一个快速变化的信号的乘积。一般来讲，谱包络变化缓慢，与其相乘的随机信号变化剧烈。

将频谱记作 $|X(k)|^2$，$k=0$，1，2，⋯，$K-1$，通过引入变量 $G(k)$ 和 $S(k)$，可将信号的频谱分解如下：

$$|X(k)|^2=|G(k)|^2|S(k)|^2 \qquad \text{式 (11-25)}$$

其中，$G(k)$ 对应信号频谱包络的部分，$S(k)$ 对应快速变化的随机信号。从前面对语音信号的分析可知，语音信号可建模成激励函数和声道的卷积。其中，激励函数可以是脉冲串，也可以是高斯白噪声信号，声道是由发声腔体控制的随时间缓慢变化（相对而言）的系统。因此，在这样的分解中，$G(k)$ 建模的是发声腔体等效的信道，$S(k)$ 建模的是激励信号。

在实际中，大部分有用的信息包含在 $G(k)$ 中，或者说，包含在 $|X(k)|^2$ 的包络中。包络可通过倒谱直接提取。提取倒谱之前，首先对 $|X(k)|^2$ 取对数，可得：

$$\log|X(k)|^2=\log|G(k)|^2+\log|S(k)|^2,\ k=0,1,2,\cdots,K-1 \qquad \text{式 (11-26)}$$

对 $\log|X(k)|^2$ 做反傅里叶变换，可以得到：

$$\underline{x}(\ell)\triangleq\frac{1}{K}\sum_{k=0}^{K-1}\log|X(k)|^2\mathrm{e}^{\mathrm{j}\frac{2\pi\ell}{K}k} \qquad \text{式 (11-27)}$$

$$=\underline{g}(\ell)+\underline{s}(\ell),\ \forall\ell=0,1,2,\cdots,K-1 \qquad \text{式 (11-28)}$$

其中，$\underline{g}(\ell)$ 与 $\underline{s}(\ell)$ 是 $\log|G(k)|^2$ 与 $\log|S(k)|^2$ 的反傅里叶变换。$\underline{x}(\ell)$ 即是人们常说的倒谱（cepstral）。

由于包络 $\log|G(k)|^2$ 变化缓慢，它的反傅里叶变换主要集中在 ℓ 比较小的部分。同时，由于 $\log|S(k)|^2$ 变化剧烈，它的反傅里叶变换的能量往往分布在各个 ℓ 的段，甚至集中在 ℓ 较大的部分。因此，相对而言，对于较小的 ℓ，$\underline{x}(\ell)$ 主要由 $\underline{g}(\ell)$ 构成。假设谱包络对应的阶数是 L，可以得到如下的近似：

$$\underline{g}(\ell)\approx\underline{x}(\ell),\ \ell=0,1,2,\cdots,L-1 \qquad \text{式 (11-29)}$$

对于语音信号，通常取 $L=13$。

如果对 $\underline{g}(\ell)$ 再做 K 点的傅里叶变换，即可得到对数尺度下的信号频谱的包络，即 $\log|G(k)|^2$。

在多数情况下，做信号分析时，我们并不需要知道信号的包络，倒谱系数中已经包含了包络的所有信息，因此，通常用 $\underline{g}(\ell)$ 直接作为信号的特征使用。由于 $\underline{g}(0)$

反应的是信号整体的能量水平，不反应谱包络的变化信息，有时也会把 $g(0)$ 从特征中去掉。

11.5 梅尔频率倒谱系数（MFCC）

梅尔频率倒谱系数（MFCC）用途十分广泛。根据前面的介绍，通过对信号频谱 $X(k)$，$k=0, 1, 2, \cdots, K-1$ 计算梅尔频谱，可以得到 $I-2$ 点的梅尔谱 $\overline{X}^{\mathrm{mel}}(i)$，$\forall i=1, 2, \cdots, I-2$。

不失一般性，可取 K 为偶数，I 为奇数。在这种条件下，对 $\overline{X}^{\mathrm{mel}}(i)$ 首尾拓展，取 $\overline{X}^{\mathrm{mel}}(0)=X(0)$，$\overline{X}^{\mathrm{mel}}(I-1)=0$。如此一来，就可获得一个长度为 I 的梅尔谱 $\overline{X}^{\mathrm{mel}}(i)$，$\forall i=0, 1, 2, \cdots, I-1$。进一步，可将这个梅尔谱拓展成一个对称的、长度为 $2I-2$ 的序列，也就是说，

$$\overline{X}^{\mathrm{mel}}(I+i)=\overline{X}^{\mathrm{mel}}(I-2-i)，i=0, 1, \cdots, I-3 \qquad 式 (11\text{-}30)$$

对得到的序列取对数，然后再求反傅里叶变换，即可得到梅尔谱对应的倒谱系数，即：

$$\underline{x}^{\mathrm{mel}}(\ell) \triangleq \frac{1}{2I-2}\sum_{i=0}^{2I-3}\log\left|\overline{X}^{\mathrm{mel}}(i)\right|^2 \mathrm{e}^{\mathrm{j}\frac{2\pi\ell}{2I-2}i} \qquad 式 (11\text{-}31)$$

$$=\frac{2}{2I-2}\sum_{i=0}^{I-2}\log\left|\overline{X}^{\mathrm{mel}}(i)\right|^2\cos\left(\frac{2\pi\ell}{2I-2}i\right)+0 \qquad 式 (11\text{-}32)$$

$$=\frac{1}{I-1}\sum_{i=0}^{I-2}\log\left|\overline{X}^{\mathrm{mel}}(i)\right|^2\cos\left(\frac{\pi\ell}{I-1}i\right) \qquad 式 (11\text{-}33)$$

$$=\underline{g}^{\mathrm{mel}}(\ell)+\underline{s}^{\mathrm{mel}}(\ell)，\forall \ell=0, 1, 2, \cdots, 2I-3 \qquad 式 (11\text{-}34)$$

需要注意的是，式 (11-32) 是由余弦公式换算所得，0 是多出来的一项。同样，取出 $\underline{x}^{\mathrm{mel}}(\ell)$ 的前 L 个点，即可得到 $\underline{g}^{\mathrm{mel}}(\ell)$ 的估计，即：

$$\underline{g}^{\mathrm{mel}}(\ell) \approx \underline{x}^{\mathrm{mel}}(\ell)，\ell=0, 1, 2, \cdots, L-1 \qquad 式 (11\text{-}35)$$

这便是一帧信号的梅尔频率倒谱系数（MFCC）特征。细心的读者可以发现，式 (11-33) 实际上是对序列 $\log|\overline{X}^{\mathrm{mel}}(i)|^2$ 做离散余弦变换（Discrete Cosine Transform，DCT）。

11.6 问题

1. 画出 IIR 滤波结构下 Gammatone 滤波器的框图。
2. 取最小频率 $f_{\min} = 300\text{Hz}$，最大频率 $f_{\max} = 6000\text{Hz}$，设计由 32 个滤波器组成的滤波器组，给出梅尔频率下均匀分布的各滤波器的中心频率。
3. 对一段 50ms 的语音信号，估计其倒谱，并利用倒谱估计信号的频谱包络。
4. 总结 MFCC 的提取流程和实现代码。
5. 结合自身专业，提取和分析不同类型一维信号的 MFCC 特征，或者设计类似 MFCC 的信号特征。
6. 结合自身专业，分析一种经典信号特征的原理和提取流程。

第 12 章　GMM 模型和 EM 算法

在利用所提特征进行检测、识别和智能分析时，往往需要对特征的概率密度分布进行建模，高斯混合模型（Gaussian Mixture Model，GMM）就是一种经常使用的概率的模型。本章简要讨论高斯混合模型与对应参数的学习方法，具体包括的内容如下。

- 高斯混合模型。
- 最大期望（Expectation Maximization，EM）算法。

12.1　从贝叶斯到混合模型

给定一个特征向量 $\mathbf{z}$，可能属于 J 种类别之一，每种类别都有一个中心 μ_j，$j=0, 1, \cdots, J-1$。设定 C 作为观测特征中的隐变量，由于类别只能是有限类中的一类，所以 C 的概率密度函数可以表示成以下形式：

$$p(C)=\sum_{j=0}^{J-1} c_j \delta(C-C_j) \qquad \text{式 (12-1)}$$

其中，$c_j \geqslant 0$，且满足 $\sum_{j=0}^{J-1} c_j=1$。常数 c_j 刻画的是第 j 类样本的先验概率，因此有 $c_i=P(C=C_j)=\int_{C_j-\Delta}^{C_j+\Delta} p(C)\mathrm{d}C$[①]

利用隐变量，特征向量的密度函数可以表示为：

$$\begin{aligned} p(\mathbf{z}) &= \int p(\mathbf{z}, C)\mathrm{d}C && \text{式 (12-2)} \\ &= \int p(\mathbf{z}|C)p(C)\mathrm{d}C && \text{式 (12-3)} \\ &= \int p(\mathbf{z}|C)\sum_{j=0}^{J-1} c_j \delta(C-C_j)\mathrm{d}C && \text{式 (12-4)} \\ &= \sum_{j=0}^{J-1} c_j p(\mathbf{z}|C_j) && \text{式 (12-5)} \end{aligned}$$

也就是说，在这种假设下，特征向量的密度函数可以表示为一系列密度函数和的形式。

① 小写的 $p(\cdot)$ 表示密度函数，大写的 $P(\cdot)$ 表示概率值。

给定上述混合模型，可以根据数据估计隐变量的后验分布，从而对隐变量进行估计，具体如下：

$$p(C|\mathbf{z}) = \frac{p(C,\ \mathbf{z})}{p(\mathbf{z})} \quad 式 (12\text{-}6)$$

$$= \frac{p(C,\ \mathbf{z})}{\int p(C,\ \mathbf{z})\mathrm{d}C} \quad 式 (12\text{-}7)$$

$$= \frac{p(\mathbf{z}|C)p(C)}{\int p(\mathbf{z}|C)p(C)\mathrm{d}C} \quad 式 (12\text{-}8)$$

$$= \sum_{j=0}^{J-1} \hbar_j(\mathbf{z})\delta(C - C_j) \quad 式 (12\text{-}9)$$

其中，

$$\hbar_j(\mathbf{z}) \triangleq \frac{c_j p(\mathbf{z}|C_j)}{\sum_{j=0}^{J-1} c_j p(\mathbf{z}|C_j)} \quad 式 (12\text{-}10)$$

可以验证，$\hbar_j(\mathbf{z})$ 等于 $P(C = C_j|\mathbf{z})$[①]，它是当前观测属于第 j 个类的概率。由于 $\sum_{j=0}^{J-1} c_j = 1$，所以后验分布 $\hbar_j(\mathbf{z})$ 通常满足如下公式。

$$\sum_{j=0}^{J-1} \hbar_j(\mathbf{z}) = 1 \quad 式 (12\text{-}11)$$

12.2 GMM 模型

在高斯混合模型下，所有的条件概率 $p(\mathbf{z}|C_j)$ 均服从高斯分布。高斯分布可以用均值和方差（或协方差矩阵）刻画。方便起见，将 C_j 类的均值和协方差矩阵分别表示为：$\boldsymbol{\mu}_j$ 和 $\boldsymbol{\Sigma}_j$；相应的密度函数记作 $\mathcal{N}(\mathbf{z};\ \boldsymbol{\mu}_j,\ \boldsymbol{\Sigma}_j)$。系列定义下，有如下公式。

$$p(\mathbf{z}|C_j) = \mathcal{N}(\mathbf{z};\ \boldsymbol{\mu}_j,\ \boldsymbol{\Sigma}_j) \quad 式 (12\text{-}12)$$

$$\xlongequal{实数} \frac{1}{(2\pi)^{D/2}\sqrt{\det(\boldsymbol{\Sigma}_j)}} \mathrm{e}^{-\frac{1}{2}(\mathbf{z}-\boldsymbol{\mu}_j)^{\mathrm{T}}\boldsymbol{\Sigma}_j^{-1}(\mathbf{z}-\boldsymbol{\mu}_j)} \quad 式 (12\text{-}13)$$

$$\xlongequal{复数} \frac{1}{(\pi)^{D}\det(\boldsymbol{\Sigma}_j)} \mathrm{e}^{-(\mathbf{z}-\boldsymbol{\mu}_j)^{H}\boldsymbol{\Sigma}_j^{-1}(\mathbf{z}-\boldsymbol{\mu}_j)} \quad 式 (12\text{-}14)$$

需要注意的是，实数高斯分布和复数高斯分布略有不同。均值和方差的定义类似，以实数为例，均值和方差分别定义如下。

$$\boldsymbol{\mu}_j \triangleq \mathbb{E}_{\mathbf{z}\in C_j}(\mathbf{z}) \quad 式 (12\text{-}15)$$

$$\boldsymbol{\Sigma}_j \triangleq \mathbb{E}_{\mathbf{z}\in C_j}[(\mathbf{z} - \boldsymbol{\mu}_j)(\mathbf{z} - \boldsymbol{\mu}_j)^T] \quad 式 (12\text{-}16)$$

① 该概率可通过在密度函数的一个小区间上积分得到：$P(C = C_j|z) = \int_{C_j-\Delta}^{C_j+\Delta} P(C|z)\mathrm{d}C$

对于复数变量，将上式中的 T 改为 H 即可。

综上所述，高斯混合模型可以写成：

$$p(\mathbf{z})=\sum_{j=0}^{J-1}c_j\mathcal{N}(\mathbf{z};\ \boldsymbol{\mu}_j,\ \boldsymbol{\Sigma}_j)\qquad \text{式 (12-17)}$$

给定一组特征数据 $\overleftarrow{\mathbf{z}}\triangleq\{\mathbf{z}(n);\ n=0,\ 1,\ 2,\ \cdots,\ N-1\}$，利用合适的算法，即可从数据中学习到所有的参数 $\Theta\triangleq\{c_j,\ \boldsymbol{\mu}_j,\ \boldsymbol{\Sigma}_j;\ \forall j\}$。

12.3 EM 算法

给定观测 $\mathbf{z}$ 参数集 Θ、隐变量 C 的任意分布 $\psi(C)$，且满足 $\int\psi(C)\mathrm{d}C=1$，定义如下的目标函数：

$$\mathcal{L}(\Theta)=\ln p(\mathbf{z}|\Theta)\qquad \text{式 (12-18)}$$

$$=\ln\int p(\mathbf{z},\ C|\Theta)\mathrm{d}C\qquad \text{式 (12-19)}$$

$$=\ln\int\psi(C)\frac{p(\mathbf{z},\ C|\Theta)}{\psi(C)}\mathrm{d}C\qquad \text{式 (12-20)}$$

$$\mathcal{L}(\Theta)\geqslant\int\psi(C)\ln\left[\frac{p(\mathbf{z},\ C|\Theta)}{\psi(C)}\right]\mathrm{d}C\qquad \text{詹森不等式（Jensen's inequality）}$$

式 (12-21)

$$\triangleq\mathcal{F}[\psi(C),\ \Theta]\qquad \text{式 (12-22)}$$

EM 算法利用式 (12-22)，通过交替迭代，逐步最大化目标函数，具体如下：

1. E 步

$$\psi^{(i+1)}(C)=\arg\max_{\psi(C)}\mathcal{F}[\psi(C),\ \Theta^{(i)}]\qquad \text{式 (12-23)}$$

2. M 步

$$\Theta^{(i+1)}=\arg\max_{\Theta}\mathcal{F}[\psi^{(i+1)}(C),\ \Theta]\qquad \text{式 (12-24)}$$

通过交替迭代逐步极大化代价函数，最终得到最大似然准则下的最优参数。

因为 $\int\psi(C)\mathrm{d}C=1$，可构造代价函数 $\mathcal{F}[\psi(C),\ \Theta]+\lambda[\int\psi(C)\mathrm{d}C-1]$。将该代价函数针对 $\psi(C)$ 求导，然后令结果等于零，可最终得到：

$$\ln\psi(C)=Q\text{（与 }C\text{ 无关的项）}+\ln p[C|\mathbf{z},\ \Theta]\qquad \text{式 (12-25)}$$

因此，给定 $\Theta^{(i)}$ 时，最优的分布函数 $\psi(C)$ 为：

$$\psi^{(i+1)}(C)=p[C|\mathbf{z},\ \Theta^{(i)}]\qquad \text{式 (12-26)}$$

基于最优的 $\psi^{(i+1)}(C)$，M 步可以进一步化简如下：

$$\Theta^{(i+1)} = \arg\max_{\Theta} \int p[C|\mathbf{z},\Theta^{(i)}] \ln \left[\frac{p(\mathbf{z},C|\Theta)}{p[C|\mathbf{z},\Theta^{(i)}]}\right] \mathrm{d}C \quad 式 (12\text{-}27)$$

$$= \arg\max_{\Theta} \int p[C|\mathbf{z},\Theta^{(i)}] \ln p(\mathbf{z},C|\Theta) \mathrm{d}C \quad 式 (12\text{-}28)$$

$$= \arg\max_{\Theta} \int p[C|\Theta^{(i)}] p[\mathbf{z}|C,\Theta^{(i)}] \ln p(\mathbf{z},C|\Theta) \mathrm{d}C \quad 式 (12\text{-}29)$$

其中，$p[C|\Theta^{(i)}]$ 是隐变量先验分布的模型，$p[\mathbf{z}|C,\Theta^{(i)}]$ 是观测的条件分布；两个分布的模型都是预先设定的，在实际中，只从数据中确定参数即可。

12.3.1 多个观测联合估计

给定一组特征数据 $\overleftarrow{\mathbf{z}} \triangleq \{\mathbf{z}(n);\ n = 0,\ 1,\ 2,\ \cdots,\ N-1\}$。假设观测之间独立同分布，可将目标函数写为：

$$\mathcal{L}(\Theta) = \ln p(\overleftarrow{\mathbf{z}}|\Theta) \quad 式 (12\text{-}30)$$

$$= \ln \prod_{n=0}^{N-1} p[\mathbf{z}(n)|\Theta] \quad 式 (12\text{-}31)$$

$$= \sum_{n=0}^{N-1} \ln p[\mathbf{z}(n)|\Theta] \quad 式 (12\text{-}32)$$

$$= \sum_{n=0}^{N-1} \ln \int p[\mathbf{z}(n),\ C(n)|\Theta] \mathrm{d}C(n) \quad 式 (12\text{-}33)$$

显然，对求和号里面的每项都可以利用詹森（Jensen）不等式进行缩放，得到的代价函数仍然是单一观测下代价函数的求和。可以验证，针对独立多观测，参数的更新准则是单一观测时的直接推广，即：

$$\Theta^{(i+1)} = \arg\max_{\Theta} \sum_{n} \int p[C(n)|\mathbf{z}(n),\ \Theta^{(i)}] \ln p(\mathbf{z}(n),\ C(n)|\Theta) \mathrm{d}C(n) \quad 式 (12\text{-}34)$$

需要说明的是，以上推导使用了独立同分布的假设，如果每个观测的分布都不相同，那么只能用单次观测推断所有的模型参数，估计难度大大增加。独立同分布的假设实际中经常使用，它可以减少推导的难度。

12.3.2 离散隐变量的估计

考虑离散隐变量的后验概率 $\hbar_j(\mathbf{z}) = P(C = C_j|\mathbf{z})$，可将参数的迭代式 (12-28) 进一步化简为：

$$\Theta^{(i+1)} = \arg\max_{\Theta} \sum_{j=0}^{J-1} \hbar_j(\mathbf{z}) \ln p(\mathbf{z},\ C_j|\Theta) \quad 式 (12\text{-}35)$$

$$= \arg\max_{\Theta} \sum_{j=0}^{J-1} \hbar_j(\mathbf{z}) \cdot [\ln p(\mathbf{z}|C_j,\ \Theta) + \ln P(C = C_j|\Theta)] \qquad \text{式 (12-36)}$$

$$= \arg\max_{\Theta} \sum_{j=0}^{J-1} \hbar_j(\mathbf{z}) \cdot [\ln p(\mathbf{z}|C_j,\ \Theta) + \ln c_j] \qquad \text{式 (12-37)}$$

当有多个观测时，参数的迭代式 (12-34) 可以写成如下形式：

$$\Theta^{(i+1)} = \arg\max_{\Theta} \sum_n \sum_{j=0}^{J-1} \hbar_j[\mathbf{z}(n)] \ln p[\mathbf{z}(n),\ C_j|\Theta] \qquad \text{式 (12-38)}$$

$$= \arg\max_{\Theta} \sum_n \sum_{j=0}^{J-1} \hbar_j[\mathbf{z}(n)]\{\ln p[\mathbf{z}(n)|C_j,\ \Theta] + \ln P(C = C_j|\Theta)\} \qquad \text{式 (12-39)}$$

$$= \arg\max_{\Theta} \sum_n \sum_{j=0}^{J-1} \hbar_j[\mathbf{z}(n)]\{\ln p[\mathbf{z}(n)|C_j,\ \Theta] + \ln c_j\} \qquad \text{式 (12-40)}$$

12.4　GMM-EM 算法

由于单一观测是多观测的特殊情况，所以本章节将直接分析多个观测下模型参数的迭代方法。

12.4.1　GMM 模型下迭代公式的化简

实数高斯模型和复数高斯模型略有区别，但迭代的结果都是一致的，我们以实数高斯模型为基本模型来进行分析。

12.4.2　混合系数 c_j 的迭代估计

在估计系数 c_j 时，需要考虑约束条件 $\sum_{j=0}^{J-1} c_j = 1$。利用拉格朗日乘子法，可将代价函数写成：

$$\mathcal{J}_1(c_0,\ \cdots,\ c_{J-1};\ \lambda) = \sum_n \sum_{j=0}^{J-1} \hbar_j[\mathbf{z}(n)] \cdot \ln c_j + \lambda \left(\sum_{j=0}^{J-1} c_j - 1 \right) \qquad \text{式 (12-41)}$$

分别对 λ 和 c_j's 求偏导，令结果为零，可得：

$$c_j^{(i+1)} = \sum_n -\frac{1}{\lambda} \hbar_j[\mathbf{z}(n)] \qquad \text{式 (12-42)}$$

$$= \sum_n \frac{\hbar_j[\mathbf{z}(n)]}{\sum_n \sum_{j=0}^{J-1} \hbar_j[\mathbf{z}(n)]} \qquad \text{式 (12-43)}$$

需要注意的是，式 (12-42) 中参数 λ 的推导过程中用到了约束式 $\sum_{j=0}^{J-1} c_j = 1$。

12.4.3 均值的迭代估计

实数高斯模型下，可得：

$$\ln p[\mathbf{z}(n)|C_j, \Theta] = -\frac{1}{2}\{\ln\det(\boldsymbol{\Sigma}_j) + [\mathbf{z}(n) - \boldsymbol{\mu}_j]^{\mathrm{T}}\boldsymbol{\Sigma}_j^{-1}[\mathbf{z}(n) - \boldsymbol{\mu}_j]\} - \frac{D}{2}\ln(2\pi)$$ 式 (12-44)

在 c_j 确定的条件下，可以将目标函数化简为：

$$\Theta^{(i+1)} = \arg\min_{\Theta} \mathcal{J}_2(\Theta)$$ 式 (12-45)

$$\mathcal{J}_2(\Theta) = \sum_n \sum_{j=0}^{J-1} \hbar_j[\mathbf{z}(n)]\{\ln\det(\boldsymbol{\Sigma}_j) + [\mathbf{z}(n) - \boldsymbol{\mu}_j]^{\mathrm{T}}\boldsymbol{\Sigma}_j^{-1}[\mathbf{z}(n) - \boldsymbol{\mu}_j]\}$$ 式 (12-46)

由于

$$\frac{\partial \mathcal{J}_2(\Theta)}{\partial \boldsymbol{\mu}_j} = \boldsymbol{\Sigma}_j^{-1}\sum_n \hbar_j[\mathbf{z}(n)](\mathbf{z} - \boldsymbol{\mu}_j)$$ 式 (12-47)

因此，可得：

$$\boldsymbol{\mu}_j^{(i+1)} = \frac{\sum_n \hbar_j[\mathbf{z}(n)]\mathbf{z}(n)}{\sum_n \hbar_j[\mathbf{z}(n)]}$$ 式 (12-48)

12.4.4 方差的迭代估计

因为

$$\frac{\partial \ln\det(\boldsymbol{\Sigma}_j)}{\partial \boldsymbol{\Sigma}_j} = \boldsymbol{\Sigma}_j^{-T},$$ 式 (12-49)

所以

$$\frac{\partial}{\partial \boldsymbol{\Sigma}_j}[\mathbf{z}(n) - \boldsymbol{\mu}_j]^{\mathrm{T}}\boldsymbol{\Sigma}_j^{-1}[\mathbf{z}(n) - \boldsymbol{\mu}_j] = -\boldsymbol{\Sigma}_j^{-T}[\mathbf{z}(n) - \boldsymbol{\mu}_j][\mathbf{z}(n) - \boldsymbol{\mu}_j]^{\mathrm{T}}\boldsymbol{\Sigma}_j^{-T}$$ 式 (12-50)

如果令 $\frac{\partial \mathcal{J}_2(\Theta)}{\partial \boldsymbol{\Sigma}_j} = \mathbf{0}$，可得：

$$\boldsymbol{\Sigma}_j^{(i+1)} = \frac{\sum_n \hbar_j[\mathbf{z}(n)] \cdot [\mathbf{z}(n) - \boldsymbol{\mu}_j^{(j)}][\mathbf{z}(n) - \boldsymbol{\mu}_j^{(j)}]^{\mathrm{T}}}{\sum_n \hbar_j[\mathbf{z}(n)]}$$ 式 (12-51)

至此，推导完成了混合系数 c_j、均值 $\boldsymbol{\mu}_j$ 和方差 $\boldsymbol{\Sigma}_j$ 的迭代估计算法。

总之，GMM-EM 算法中模型、隐变量分布和数据集合之间的关系如图 12-1 所示。在实际中，GMM-EM 算法的用处十分广泛。当模型完成学习后，可以根据学习到的模型参数，对新数据和样本进行检测、估计或识别。

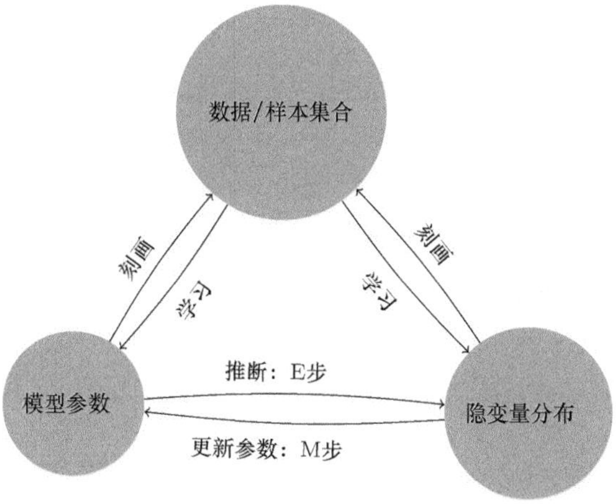

图 12-1 GMM-EM 算法中模型、隐变量分布和数据集合之间的关系

12.5 应用：说话人识别

12.5.1 说话人声学特征

当一个人说完一段话时，我们通过对这段语音进行分帧、特征提取获得每帧信号的特征（最常用的特征包括 MFCC），进而得到一个针对这个说话人的特征集合 $\{\mathbf{z}(n), n=0, 1, 2, \cdots, N-1\}$。设定 GMM 模型的混合个数 J，利用特征数据集可以学得 GMM 的模型参数，即：

$$\Theta=\{c_j, \boldsymbol{\mu}_j, \boldsymbol{\Sigma}_j; j=0, 1, 2, \cdots, J-1\} \qquad 式 (12\text{-}52)$$

这个学习的过程通常称为模型训练。

12.5.2 说话人识别的基本框架

如果在数据集中，我们总共注册了 Q 个人，那么对每一个人都会有一组 GMM。方便起见，将第 q 个人的 GMM 参数表示为 $\Theta_q=\{c_{j;q}, \boldsymbol{\mu}_{j;q}, \boldsymbol{\Sigma}_{j;q}\}$。在给定这些参数下，对一个待识别的语音信号，可以通过如下的方式确定说话人的身份。

$$q^\star=\arg\max_q\sum_n \ln p[x(n)|\Theta_q] \qquad 式 (12\text{-}53)$$

进一步判断式 (12-53) 的结果是否可信，我们通常利用对数似然比，其估计如下：

$$\Lambda_{q^\star}=\sum_n \ln p[x(n)|\Theta_{q^\star}]-\sum_n \ln p[x(n)|\Theta_{\mathrm{u}}] \qquad 式 (12\text{-}54)$$

其中，Θ_{u} 是一个通用背景模型的参数，后续章节会做具体介绍。只有当对数释然比大于某一个阈值的时候，才认为式 (12-53) 给出的 $q^\star$ 可信。

12.5.3 参数学习

训练 GMM 模型往往需要较多的数据样本。如果样本过少，那么有些参数估计不到或不准，会严重影响模型的准确性。一种改进的方法是以通用的模型为基础进行二次学习，即所谓的通用背景模型（Universal Background Model，UBM）。

假设有一批语音数据集，以 GMM 为基础，利用这批数据可以学习一个通用背景模型。将 UBM 模型所学的参数集合记作 $\Theta_{\mathrm{u}} = \{c_{j;\ \mathrm{u}},\ \boldsymbol{\mu}_{j;\ \mathrm{u}},\ \boldsymbol{\Sigma}_{j;\ \mathrm{u}};\ \ j = 0,\ 1,\ 2,\ \cdots,\ J-1\}$。

根据通用模型，计算每个样本的后验概率，具体如下。

$$\hbar_{j;\ \mathrm{u}}(n) = p(C = C_j|\mathbf{z}(n),\ \Theta_{\mathrm{u}}) \quad \text{式 (12-55)}$$

$$= \frac{c_{j;\ \mathrm{u}}\mathcal{N}[\mathbf{z}(n);\ \boldsymbol{\mu}_{j;\ \mathrm{u}},\ \boldsymbol{\Sigma}_{j;\ \mathrm{u}}]}{\sum_{j=0}^{J-1} c_{j;\ \mathrm{u}}\mathcal{N}[\mathbf{z}(n);\ \boldsymbol{\mu}_{j;\ \mathrm{u}},\ \boldsymbol{\Sigma}_{j;\ \mathrm{u}}]} \quad \text{式 (12-56)}$$

利用该后验概率，可以计算 GMM 的相关参数：

$$c_j = \frac{1}{N}\sum_n \hbar_{j;\ \mathrm{u}}(n) \quad \text{式 (12-57)}$$

$$\boldsymbol{\mu}_j = \frac{1}{\sum_n \hbar_{j;\ \mathrm{u}}(n)}\sum_n \hbar_{j;\ \mathrm{u}}(n)\mathbf{z}(n) \quad \text{式 (12-58)}$$

$$\boldsymbol{\Sigma}_j = \frac{1}{\sum_n \hbar_{j;\ \mathrm{u}}(n)}\sum_n \hbar_{j;\ \mathrm{u}}(n)[\mathbf{z}(n) - \boldsymbol{\mu}_{j;\ \mathrm{u}}][\mathbf{z}(n) - \boldsymbol{\mu}_{j;\ \mathrm{u}}]^{\mathrm{T}} \quad \text{式 (12-59)}$$

重新估计后，可得到一组新的参数。新的参数与通用背景模型的参数通过如下方式进行融合/平滑：

$$c_j \leftarrow [\alpha_j c_{j;\ \mathrm{u}} + (1-\alpha_j)c_j] \cdot \frac{1}{\sum_{j=0}^{J-1} \alpha_j c_{j;\ \mathrm{u}} + (1-\alpha_j)c_j} \quad \text{式 (12-60)}$$

$$\boldsymbol{\mu}_j \leftarrow \alpha_j \boldsymbol{\mu}_{j;\ \mathrm{u}} + (1-\alpha_j)\boldsymbol{\mu}_j \quad \text{式 (12-61)}$$

$$\boldsymbol{\Sigma}_j \leftarrow \alpha_j \boldsymbol{\Sigma}_{j;\ \mathrm{u}} + (1-\alpha_j)\boldsymbol{\Sigma}_j \quad \text{式 (12-62)}$$

其中，

$$\alpha_j = \frac{Nc_j}{Nc_j + \kappa_0} \quad \text{式 (12-63)}$$

参数 κ_0 一般取值范围为 [8，20]。在实际中，有的时候只须对均值 $\boldsymbol{\mu}_j$ 做平滑，混合系数和协方差矩阵均不用做平滑，也就是说，混合系数和协方差矩阵对应的 $\alpha_j = 0$。

12.6　问题

1. 针对一维实数特征，推导高斯混合模型中均值和方差的迭代公式。
2. 推导 $\psi(C)$ 的迭代式 (12-26)。
3. 给出 GMM-EM 算法的流程框图。
4. 给定一时序信号和类别总数，分析 $\hbar_j(\mathbf{z})$ 随迭代变化的规律。
5. 结合自身专业，调研 GMM-EM 算法在各自领域中的应用和发展现状。
6. 基于 GMM-EM 算法的基础，完成变分推理（Variational Inference）的学习。

第 13 章　深度神经网络与反向传播

深度神经网络已经获得了非常广泛的应用。本章简要介绍神经网络和反向传播的原理，具体包括如下内容。

- 神经网络的基础。
- 典型的网络结构。
- 代价函数。
- 反向传播方法。

13.1　神经网络

神经网络可看作一个复杂的非线性函数，这个复杂的非线性函数由一些基础的单元按照一定的规则拼接而成；刻画这个复杂的函数所需的模型参数须通过大量的数据学习而得。

神经网络也可以类比为一个大的电路系统，由电阻、电容、电感、放大器等基本单元按照一定的规则拼接而成，不同的拼接方式实现不同的功能。

神经网络的输入（即系统的观测）记作 $\mathbf{y}$，神经网络的输出记作 $\mathbf{z}$，而将输出 $\mathbf{z}$ 想要逼近的变量记作 $\mathbf{x}$。构建神经网络就是寻找函数 $f(\cdot)$，使 $\mathbf{z}=f(\mathbf{y})$ 尽可能地逼近期望值 $\mathbf{x}$。

13.1.1　神经元

每个神经元可以看作一个“多输入单输出”的系统。假定输入是 $\mathbf{y}=[y_0\ \ y_1\ \ \cdots\ \ y_{D-1}]^{\mathrm{T}}$，神经元的输出可以写成如下形式：

$$z=\sigma\left(\sum_{i=0}^{D-1} w_i y_i+b\right) \quad \text{式 (13-1)}$$

$$=\sigma(\mathbf{w}^{\mathrm{T}}\mathbf{y}+b) \quad \text{式 (13-2)}$$

其中，$\mathbf{w}=[w_0\ \ w_1\ \ \cdots\ \ w_{D-1}]^{\mathrm{T}}$ 是加权系数，b 是偏置；$\mathbf{w}$ 和 b 都是该神经元待优化/学习的参数。式 (13-2) 中 $\sigma(\cdot)$ 是一个非线性函数，通常称为激活函数，一般可取 S 型（sigmoid）函数 $\sigma(x)=1/(1+\mathrm{e}^{-x})$，Relu 函数 $\sigma(x)=\max(0,\ x)$ 等。

非线性函数一般在元素级别的操作。也就是说，给非线性函数输入一个向量，该函数对向量的每个元素进行非线性映射，然后再做一次简单的运算。同时，为了便于参数学习，非线性函数一般是可微的，它的导数通常具有非常简洁的形式。

“线性变换 + 非线性映射”构成了基本的人工神经元。这样的神经元与生物神经元的工作机理十分类似。单个生物神经元能实现的功能有限，但一定量的生物神经元相互链接却可以实现各种的复杂功能。同样，一定量的人工神经元相互链接也能实现复杂的功能。

13.1.2 神经网络的建模能力

通用近似定理（Universal Approximation Theorem，UAT）告诉我们，只要神经元的数量足够多，可以通过如下方式构造任意复杂的非线性函数。

$$f(\mathbf{y}) = \sum_{i=0}^{I-1} \alpha_i \sigma(\mathbf{w}_i^{\mathrm{T}}\mathbf{y} + b_i) \quad \text{式 (13-3)}$$

$$= \boldsymbol{\alpha}^{\mathrm{T}} \sigma(\mathbf{W}\mathbf{y} + \mathbf{b}) \quad \text{式 (13-4)}$$

其中，α_i 是一系列加权系数。$\boldsymbol{\alpha} = [\alpha_0\ \alpha_1\ \cdots\ \alpha_{I-1}]^{\mathrm{T}}$ 是一个长度为 I 的向量。

$$\mathbf{W} = \begin{bmatrix} \mathbf{w}_0^{\mathrm{T}} \\ \mathbf{w}_1^{\mathrm{T}} \\ \vdots \\ \mathbf{w}_{I-1}^{\mathrm{T}} \end{bmatrix}, \quad \mathbf{b} = \begin{bmatrix} b_0 \\ b_1 \\ \vdots \\ b_{I-1} \end{bmatrix} \quad \text{式 (13-5)}$$

在这样一个模型中，$\boldsymbol{\alpha}$，$\mathbf{W}$ 和 $\mathbf{b}$ 均是需从数据中学习的待定模型参数。

从函数展开的角度，式 (13-3) 可看作一种函数的展开形式，其中，基函数通过结合 $\sigma(\cdot)$ 和线性变换来刻画，基函数的组合系数为 α_i，$i = 0，1，2，\cdots，I-1$。不过与傅里叶变换等传统函数展开不同，神经网络的基函数参数和基函数的组合系数均需从数据中学习得到，网络只是提供了一个建模函数的框架。

式 (13-3) 描述的是一个两层的神经网络，根据通用近似定理，只要采用足够多的神经元，两层的神经网络即可刻画任意复杂的非线性函数。

13.1.3 深度前馈神经网络

相对两层的神经网络，多层的神经网络具有更好的建模能力。如果每个神经元都能学到一定的特征，那么层数越高，对应神经元学到的特征越复杂。

为了描述一个深度神经网络，我们需要做一些符号上的定义。相邻两层网络的变量示意如图 13-1 所示，每一层都由两个部分构成：线性变换和非线性映射。假设神经网络有 L 层，方便起见，也可将输入层定义为第 0 层。对于第 $\ell(\ell = 1，2，3，\cdots，L)$ 层网络，它的输入为第 $\ell - 1$ 层的输出，记作 $\mathbf{z}_{\ell-1;\ \mathrm{O}}$。将线性变换的参数和偏置分别记作 $\mathbf{W}_\ell$ 和 $\mathbf{b}_\ell$。将线性变换单元的输出，也就是非线性映射单元的输入可以记作

$\mathbf{z}_{\ell;\mathrm{I}}$，同时将非线性映射单元的输出记作 $\mathbf{z}_{\ell;\mathrm{O}}$。$\mathbf{z}_{\ell;\mathrm{O}}$ 即为第 ℓ 层神经网络整体的输出。因此，第 ℓ 层的运算可以写成：

$$\mathbf{z}_{\ell;\mathrm{I}} = \mathbf{W}_{\ell}\mathbf{z}_{\ell-1;\mathrm{O}} + \mathbf{b}_{\ell} \qquad \text{式 (13-6)}$$

$$\mathbf{z}_{\ell;\mathrm{O}} = \sigma(\mathbf{z}_{\ell;\mathrm{I}}). \qquad \text{式 (13-7)}$$

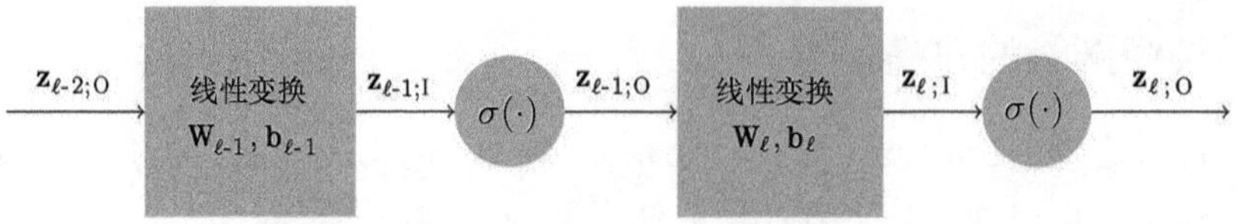

图 13-1　**相邻两层网络的变量示意**

在实际应用中，每层的激活函数可以不同，在这种情况下，$\sigma(\cdot)$ 可记作 $\sigma_{\ell}(\cdot)$。

在深度前馈神经网络的框架下，利用几个变量和两个迭代公式，即可完成深度网络的表述。需要注意的是，这样的符号系统并不一定能胜任对一些复杂神经网络的刻画。针对复杂网络，可将每层网络当成一个函数，利用输入、输出，以及函数参数来刻画。在对网络进行封装时，除了刻画网络从输入到输出的改变，还会封装网络输出对其参数的偏导数。对于封装好的网络结构，不需要关心函数的内部操作，只须了解它的基本特性。

深度前馈神经网络结构简单，便于符号描述。后续我们在讲解反向传播算法的原理时，还会用到相关的符号描述。

13.2　网络结构

13.2.1　卷积网络

每层卷积网络实际上可以看作一个“多输入多输出”系统。对于 1 维的卷积网络，假设网络的输入有 N 个长度为 P 的特征 $\mathbf{y}_n = [y_n(0) \;\; y_n(1) \;\; \cdots \;\; y_n(P-1)]^{\mathrm{T}}$，卷积层有 M 个长度为 Q 的输出 $\mathbf{z}_m = [z_m(0) \;\; z_m(1) \;\; \cdots \;\; z_m(Q-1)]^{\mathrm{T}}$，给定权系数 $w_{m,n}(j)$，$j=0$，1，2，$\cdots$，L_w-1，卷积网络中每一条特征 $\mathbf{z}_m$ 通过如下方式得到。

$$z_m(j) = \sum_{i=0}^{L_w-1}\left[\sum_{n=0}^{N-1} w_{m,n}(j-i)y_n(i)\right] \qquad \text{式 (13-8)}$$

$$= \sum_{n=0}^{N-1}\sum_{i=0}^{L_w-1} w_{m,n}(j-i)y_n(i) \qquad \text{式 (13-9)}$$

$$= \sum_{n=0}^{N-1} w_{m,n}(j) * y_n(j),\ j=0,\ 1,\ \cdots,\ L_w+P-2 \qquad \text{式 (13-10)}$$

在神经网络的构建和训练过程中，通常将 $w_{m,n}(-i)$ 当作序列，它所采用的操作类似于信号处理中卷积操作，但是二者并不完全相同。这样一个系统可以从不同角度进行解读，具体如下。

- 如果将 $y_n(j)$ 当作第 n 个源信号，把 $z_m(j)$ 当作第 m 个传感器的观测信号，把 $w_{m,n}(j)$，$j=0$，1，$\cdots$，L_w-1，当作从第 n 个源到第 m 个传感器的信道，那么式 (13-10) 描述的是“多输入多输出”系统中第 m 个传感器观测到的总信号。
- 如果从子带分解的角度,可将 $y_n(j)$ 当作第 n 个传感器的观测信号,$w_{m,n}(j)$，$j=0$，1，$\cdots$，L_w-1，当作提取第 m 个子带所需的滤波器，同时假设 $w_{m,n}(j)=a_{m,n}w_{m,0}(j)$，$\forall n$，$z_m(j)$ 可以看作对各路观测 $y_n(j)$ 进行子带分解，然后加权求和的结果。这符合典型的阵列波束形成的框架。
- 从多通道滤波的角度,卷积网络的每一路输出可以看作对输入进行多通道滤波。不过与传统滤波系统不同，神经网络的滤波系统有多路输出，分别用于提取不同类别的特征。

本节从多通道滤波的角度阐述卷积神经网络的参数。在描述一层神经网络的时候，通常会把 $\{w_{m,n}(j),\ \forall n,\ j\}$ 作为一个卷积核。由于有 M 路输出，所以通常就有 M 个卷积核，每个核的长度为 L_w，该变量通常称为核的宽度。输入的通道数 N 通常称为核的深度，核的深度等于上一层神经网络的通道数。

通常情况下，每条输入特征的长度 P 要远大于核的宽度 L_w。为了压缩信息量，通常会采用汇聚（池化）操作。汇聚操作类似于信号处理中的降采样。常见的汇聚操作有两种：一是最大汇聚，将每条输出分为很多帧，每帧只保留最大值；二是平均汇聚，同样将每条输出分为很多帧，每帧取特征的平均值。从信号处理的角度，平均汇聚相当于低通滤波之后进行降采样，能够避免信号发生频谱混叠。

卷积神经网络的参数总量为 $M\times N\times L_w$。与全连接神经网络不同，卷积神经网络往往需要多个核函数去保障网络的建模能力。随着网络层数的增加，每条特征的长度会由于汇聚操作越来越少，所以卷积核的数量会越来越多。

13.2.2　残差网络

残差网络（Residual Network，ResNet），假设其输入是 $\mathcal{Y}=[\mathbf{y}_0\ \mathbf{y}_1\ \cdots\ \mathbf{y}_{N-1}]$ 的一个 $P\times N$ 的特征向量。其中，P 是每个特征的长度，N 是输入特征的个数（表示不同维度的特征）。它的输出的维度与输入相同，方便起见，定义输出为：$\mathcal{Z}=[\mathbf{z}_0\ \mathbf{z}_1\ \cdots\ \mathbf{z}_{M-1}]$，且 $M=N$。残差网络的输出和输入之间满足如下的关系。

$$\mathcal{Z}=\hbar(\mathcal{Y})+\mathcal{Y} \qquad \text{式 (13-11)}$$

其中，$\hbar(\cdot)$ 刻画的是一个神经网络，其输入维度和输出维度相同。通常情况下，$\hbar(\cdot)$ 由多层卷积神经网络构成。

残差网络通过直连边的方式提高网络信息传播的效率和网络的学习能力，能够更有效地应对层数较多网络的训练。

13.2.3 循环神经网络

循环神经网络一般作用到特征提取后的全连接层，用于学习序列的长短时信息。循环神经网络的输入由两个部分构成：一是上一层神经网络的输出；二是循环神经网络上一时刻的输出。方便起见，上一层的输出记作 $\mathbf{y}(t)$，本层的输出记作 $\mathbf{z}(t)$。通过引入矩阵 $\mathbf{U}$、$\mathbf{W}$ 和向量 $\mathbf{b}$，可将网络的输出描述如下。

$$\mathbf{z}(t)=\sigma[\mathbf{W}\mathbf{y}(t)+\mathbf{U}\mathbf{z}(t-1)+\mathbf{b}] \qquad 式 (13\text{-}12)$$

其中，$\sigma(\cdot)$ 是非线性激活函数。细心的读者可以发现，这样的系统与一个一阶的自回归模型类似。自回归模型通常都存在系统稳定性问题，循环神经网络同样具有类似的问题。

一种改进的办法是门控循环单元网络（Gated Recurrent Unit，GRU），通过引入门函数来控制当前信息是否影响后续输出。门函数的维度与输出特征的维度相同，通过矩阵/向量的点乘操作实现控制。如果定义门函数为 $\boldsymbol{\zeta}(t)$，GRU 神经网络的输出表述如下。

$$\mathbf{z}(t)=\boldsymbol{\zeta}(t)\odot\mathbf{z}(t-1)+[1-\boldsymbol{\zeta}(t)]\odot\hbar[\mathbf{y}(t),\ \mathbf{z}(t-1)] \qquad 式 (13\text{-}13)$$

其中，

$$\boldsymbol{\zeta}(t)=\sigma[\mathbf{W}_{\text{gate}}\mathbf{y}(t)+\mathbf{U}_{\text{gate}}\mathbf{z}(t-1)+\mathbf{b}_{\text{gate}}] \qquad 式 (13\text{-}14)$$

$$\hbar[\mathbf{y}(t),\ \mathbf{z}(t-1)]=\tanh[\mathbf{W}_h\mathbf{y}(t)+\mathbf{U}_h[\mathbf{r}(t)\odot\mathbf{z}(t-1)]+\mathbf{b}_h] \qquad 式 (13\text{-}15)$$

$$\mathbf{r}(t)=\sigma[\mathbf{W}_r\mathbf{y}(t)+\mathbf{U}_r\mathbf{z}(t-1)+\mathbf{b}_r] \qquad 式 (13\text{-}16)$$

$\mathbf{r}(t)$ 的功能与 $\boldsymbol{\zeta}(t)$ 类似，也是一个门函数。GRU 网络通过两个门函数 $\boldsymbol{\zeta}(t)$ 和 $\mathbf{r}(t)$ 来控制网络的稳定性。

GRU 网络可类比第 5 章的卡尔曼滤波器的框架。如果将 $\mathbf{y}(t)$ 当作观测，$\mathbf{z}(t)$ 当作状态的估计，则有如下信息。

- $\boldsymbol{\zeta}(t)\odot\mathbf{z}(t-1)$ 可以看作卡尔曼滤波中的预计步骤，利用状态转移方程实现预计。
- $\hbar[\mathbf{y}(t),\ \mathbf{z}(t-1)]$ 可以看作当前时刻状态估计的一部分。这一部分取决于卡尔曼增益、观测和由之前状态预测得到的状态。
- $\mathbf{r}(t)$ 根据当前的观测和过去的状态判断哪些特征具有冗余信息，可用于更新 $\boldsymbol{\zeta}(t)\odot\mathbf{z}(t-1)$ 无法预估的部分。

用卡尔曼滤波的框架类比只是给出了一种关于 GRU 网络的理解，并不是严格的理论证明。理论上讲，GRU 网络也可以处理神经网络中浅层特征，不一定用于处理全连接层。

13.2.4 注意力机制网络

注意力机制网络期望从一长段输入中，选取出与当前任务相关的输入，融合形成更有价值的输入。

给定一长段输入 $\{\mathbf{y}(\tau),\ \tau=t-T+1,\ t-T+2,\ \cdots,\ t\}$，为了判断输入与任务的匹配程度，通常还需给定用于查询的特征向量 $\{\mathbf{e}(\tau),\ \tau=t-T+1,\ t-T+2,\ \cdots,\ t\}$ 与特征向量相关的查询向量 $\mathbf{q}$。在相关定义下，注意力网络的输出可以描述如下。

$$\mathbf{z}(t)=\sum_{i=0}^{T-1}\alpha_i\mathbf{y}(t-i) \quad \text{式 (13-17)}$$

$$=\sum_{i=0}^{T-1}\frac{\mathrm{e}^{\hbar[\mathbf{e}(t-i),\ \mathbf{q}]}}{\sum_{j=0}^{T-1}\mathrm{e}^{\hbar[\mathbf{e}(t-j),\ \mathbf{q}]}}\mathbf{y}(t-i) \quad \text{式 (13-18)}$$

其中，$\alpha_i=\mathrm{e}^{\hbar[\mathbf{e}(t-i),\ \mathbf{q}]}/\sum_{j=0}^{T-1}\mathrm{e}^{\hbar[\mathbf{e}(t-j),\ \mathbf{q}]}$，$\sum_{i=0}^{T-1}\alpha_i=1$，$d_i$ 相当于常见的 softmax 函数，函数 $\hbar(\cdot)$ 是打分函数，可以用前述的神经网络去构造；最简单的打分函数是两个向量直接做内积，即 $\hbar[\mathbf{e}(t-i),\ \mathbf{q}]=\mathbf{q}^{\mathrm{T}}\mathbf{e}(t-i)$。

当对同样的输入有多个查询向量 $\{\mathbf{q}_m,\ m=0,\ 1,\ \cdots,\ M-1\}$ 时，注意力网络有多条输出 $\mathbf{z}_m(t)$。这种注意力网络通常称为多头注意力（Multi-Head Attention）网络。

13.3 代价函数

给定观测 $\mathbf{z}$，标签 $\mathbf{x}$，定义神经网络第 ℓ 层的输出向量（经过加权、求和，以及非线性变换）是 $\mathbf{z}_{\ell;\mathrm{O}}$，$\ell=1,\ 2,\ \cdots,\ L$；定义非线性变换之前的值为 $\mathbf{z}_{\ell;\mathrm{I}}$，$\ell=1,\ 2,\ \cdots,\ L$，当然，神经网络的输出是 $\mathbf{z}_{L;\mathrm{O}}$。

当有多个观测时，第 n 个观测和对应的标签分别表示为 $\mathbf{z}(n)$ 和 $\mathbf{x}(n)$。

13.3.1 均方误差

基于均方误差的代价函数定义如下：

$$\mathcal{J}(\Theta)=\frac{1}{N}\sum_n\frac{1}{2}\|\mathbf{x}(n)-\mathbf{z}_{L;\mathrm{O}}(n)\|_2^2 \quad \text{式 (13-19)}$$

该代价函数通常用于回归/插值任务。

13.3.2 交叉熵

分类任务，通常用交叉熵作为代价函数。给定神经网络输出和标签的条件下，交叉熵定义如下：

$$\mathcal{J}(\Theta)=\frac{1}{N}\sum_{n}\left\{-\sum_{j=0}^{J-1}[\mathbf{x}(n)]_j\ln[\mathbf{z}_{L;\mathrm{O}}(n)]_j\right\}\qquad 式 (13\text{-}20)$$

其中，$[\cdot]_j$ 表示向量的第 j 个元素。对于交叉熵代价函数的网络，最后一层通常与 softmax 函数一起使用。

13.3.3 负对数似然

分类任务有时会将标签 $\mathbf{x}(n)$ 设置成一个 One-hot 向量。假设第 n 个样本对应的标签下标为 j_n。交叉熵可以简化如下：

$$\mathcal{J}(\Theta)=\frac{1}{N}\sum_{n}-\ln[\mathbf{z}_{L;\mathrm{O}}(n)]_{j_n}\qquad 式 (13\text{-}21)$$

其中，$\mathbf{z}_{L;\mathrm{O}}(n)$ 刻画的是第 n 个样本属于第 j_n 类的后续概率数，求和符号里面的项有时也叫作负对数似然。

13.4 反向传播方法

本节基于深度全连接网络，以最小均方准则为优化目标，讨论反向传播算法。

13.4.1 参数更新的基本原理

参数更新的基本原理是沿着代价函数的负梯度方向更新，以期找到代价函数的极小值点，即：

$$\Theta^{(i+1)}=\Theta^{(i)}-\epsilon\left.\frac{\partial\mathcal{J}(\Theta)}{\partial\Theta}\right|_{\Theta=\Theta^{(i)}}\qquad 式 (13\text{-}22)$$

对于全连接网络的每层，都有权函数 $\mathbf{W}_\ell(\ell=1,2,\cdots,L)$ 和偏置向量 $\mathbf{b}_\ell(\ell=1,2,\cdots,L)$ 两大类参数。它们的更新方式如下：

$$\mathbf{W}_\ell^{(i+1)}=\mathbf{W}_\ell^{(i)}-\epsilon\left.\frac{\partial\mathcal{J}(\Theta)}{\partial\mathbf{W}_\ell}\right|_{\mathbf{W}_\ell=\mathbf{W}_\ell^{(i)}}\qquad 式 (13\text{-}23)$$

$$\mathbf{b}_\ell^{(i+1)}=\mathbf{b}_\ell^{(i)}-\epsilon\left.\frac{\partial\mathcal{J}(\Theta)}{\partial\mathbf{b}_\ell}\right|_{\mathbf{b}_\ell=\mathbf{b}_\ell^{(i)}}\qquad 式 (13\text{-}24)$$

由此可见，要更新权系数和偏置，必须首先估计代价函数对该变量的偏导数。

13.4.2 导数的链式法则

对于函数 $g(\mathbf{U})$，如果其自变量 $\mathbf{U}$ 是关于变量 $\mathbf{X}$ 的函数，则存在如下链式法则：

$$\frac{\partial g(\mathbf{U})}{\partial[\mathbf{X}]_{i,\ j}}=\operatorname{tr}\left[\left(\frac{\partial g(\mathbf{U})}{\partial\mathbf{U}}\right)^{\mathrm{T}}\frac{\partial\mathbf{U}}{\partial[\mathbf{X}]_{i,\ j}}\right] \tag{13-25}$$

根据全连接神经网络的定义，每层分为线性变换和非线性映射两个部分，存在如下的函数关系：

$$\mathbf{z}_{\ell;\mathrm{O}}=f(\mathbf{z}_{\ell;\mathrm{I}}) \tag{13-26}$$

$$\mathbf{z}_{\ell;\mathrm{I}}=\mathbf{W}_{\ell}\mathbf{z}_{\ell-1;\mathrm{O}}+\mathbf{b}_{\ell} \tag{13-27}$$

利用导数的链式法则，可以求得如下 3 个关系。

1. 层与层输出之间的导数关系

$$\frac{\partial\mathbf{z}_{\ell;\mathrm{O}}}{\partial[\mathbf{z}_{\ell-1;\mathrm{O}}]_i}=\operatorname{tr}\left[\left(\frac{\partial f(\mathbf{z}_{\ell;\mathrm{I}})}{\partial\mathbf{z}_{\ell;\mathrm{I}}}\right)^{\mathrm{T}}\frac{\partial\mathbf{z}_{\ell;\mathrm{I}}}{\partial[\mathbf{z}_{\ell-1;\mathrm{O}}]_i}\right] \tag{13-28}$$

$$=\operatorname{diag}[f'(\mathbf{z}_{\ell;\mathrm{I}})]\mathbf{W}_{\ell}\mathbf{i}_i \tag{13-29}$$

其中，$f'(\cdot)$ 是非线性激活函数的导数。

2. 层输出与权值之间的导数关系

$$\frac{\partial\mathbf{z}_{\ell;\mathrm{O}}}{\partial[\mathbf{W}_{\ell}]_{i,\ j}}=\operatorname{tr}\left[\left(\frac{\partial f(\mathbf{z}_{\ell;\mathrm{I}})}{\partial\mathbf{z}_{\ell;\mathrm{I}}}\right)^{\mathrm{T}}\frac{\partial\mathbf{z}_{\ell;\mathrm{I}}}{\partial[\mathbf{W}_{\ell}]_{i,\ j}}\right] \tag{13-30}$$

$$=\operatorname{diag}[f'(\mathbf{z}_{\ell;\mathrm{I}})]\mathbf{i}_i[\mathbf{z}_{\ell-1;\mathrm{O}}]_j \tag{13-31}$$

3. 层输出与偏置之间的导数关系

$$\frac{\partial\mathbf{z}_{\ell;\mathrm{O}}}{\partial[\mathbf{b}_{\ell}]_i}=\operatorname{tr}\left[\left(\frac{\partial f(\mathbf{z}_{\ell;\mathrm{I}})}{\partial\mathbf{z}_{\ell;\mathrm{I}}}\right)^{\mathrm{T}}\frac{\partial\mathbf{z}_{\ell;\mathrm{I}}}{\partial[\mathbf{b}_{\ell}]_i}\right] \tag{13-32}$$

$$=\operatorname{diag}[f'(\mathbf{z}_{\ell;\mathrm{I}})]\mathbf{i}_i \tag{13-33}$$

上述几个关系式将会用于简化反向传播算法的推导。

13.4.3 反向传播

如果将网络整个当作一个函数，网络每一层的输出看作一个子函数，自然可以计算代价函数关于该子函数的偏导数。方便起见，定义如下函数：

$$\mathbf{e}_{\ell}\triangleq\frac{\partial J(\Theta)}{\partial\mathbf{z}_{\ell;\mathrm{O}}} \tag{13-34}$$

该变量会反复出现，它描述的是一种误差，后续将会进一步探讨。

根据式 (13-29)，再次利用导数的链式法则，可得：

$$\frac{\partial \mathcal{J}(\Theta)}{\partial[\mathbf{z}_{\ell-1;\mathrm{O}}]_i} = \mathrm{tr}\left[\left(\frac{\partial \mathcal{J}(\Theta)}{\partial \mathbf{z}_{\ell;\mathrm{O}}}\right)^{\mathrm{T}} \frac{\partial \mathbf{z}_{\ell;\mathrm{O}}}{\partial[\mathbf{z}_{\ell-1;\mathrm{O}}]_i}\right] \quad 式\ (13\text{-}35)$$

$$= \mathrm{tr}\left[\mathbf{e}_\ell^{\mathrm{T}} \frac{\partial \mathbf{z}_{\ell;\mathrm{O}}}{\partial[\mathbf{z}_{\ell-1;\mathrm{O}}]_i}\right] \quad 式\ (13\text{-}36)$$

$$= \mathbf{e}_\ell^{\mathrm{T}} \,\mathrm{diag}[f'(\mathbf{z}_{\ell;\mathrm{I}})]\mathbf{W}_\ell \mathbf{i}_i \quad 式\ (13\text{-}37)$$

$$= \mathbf{i}_i^{\mathrm{T}} \mathbf{W}_\ell^{\mathrm{T}} \,\mathrm{diag}[f'(\mathbf{z}_{\ell;\mathrm{I}})]\mathbf{e}_\ell \quad 式\ (13\text{-}38)$$

进一步可以求得：

$$\mathbf{e}_{\ell-1} = \frac{\partial J(\Theta)}{\partial \mathbf{z}_{\ell-1;\mathrm{O}}} \quad 式\ (13\text{-}39)$$

$$= \begin{bmatrix} \frac{\partial \mathcal{J}(\Theta)}{\partial[\mathbf{z}_{\ell-1;\mathrm{O}}]_0} \\ \frac{\partial \mathcal{J}(\Theta)}{\partial[\mathbf{z}_{\ell-1;\mathrm{O}}]_1} \\ \vdots \\ \frac{\partial \mathcal{J}(\Theta)}{\partial[\mathbf{z}_{\ell-1;\mathrm{O}}]_{K_{\ell-1}}} \end{bmatrix}^{\mathrm{T}} \quad 式\ (13\text{-}40)$$

$$= \mathbf{W}_\ell^{\mathrm{T}} \,\mathrm{diag}[f'(\mathbf{z}_{\ell;\mathrm{I}})]\mathbf{e}_\ell \quad 式\ (13\text{-}41)$$

其中，$f'(\cdot)$ 是非线性激活函数的导数。$K_{\ell-1}$ 是第 $\ell-1$ 层输出的个数。

式 (13-41) 说明，变量 $\mathbf{e}_\ell$ 之间从高层到底层存在一个迭代关系，迭代的系数由神经网络的权值函数和非线性激活函数决定。这种从高层向底层的传播特性叫作反向传播。

下面讨论的是 $\mathbf{e}_\ell$ 的物理含义，如果以均方误差作为目标函数，则有：

$$\mathbf{e}_L = \frac{\partial J(\Theta)}{\partial \mathbf{z}_{L;\mathrm{O}}} \quad 式\ (13\text{-}42)$$

$$= \frac{\partial}{\partial \mathbf{z}_{L;\mathrm{O}}} \frac{1}{2}\|\mathbf{x} - \mathbf{z}_{L;\mathrm{O}}\|_2^2 \quad 式\ (13\text{-}43)$$

$$= \mathbf{z}_{L;\mathrm{O}} - \mathbf{x} \quad 式\ (13\text{-}44)$$

在这种情况下，$\mathbf{e}_L$ 衡量的是神经网络输出于标签之间的误差。

因此，式 (13-41) 表述的反向传播传回的实际上是预测误差。该变量是权值更新的一个关键的变量，后续将会详细介绍。

13.4.4　非顶层参数更新

利用链式法则，结合式 (13-31)，有：

$$\frac{\partial \mathcal{J}(\Theta)}{\partial[\mathbf{W}_\ell]_{i,\ j}} = \operatorname{tr}\left[\left(\frac{\partial \mathcal{J}(\Theta)}{\partial \mathbf{z}_{\ell;\mathrm{O}}}\right)^{\mathrm{T}} \frac{\partial \mathbf{z}_{\ell;\mathrm{O}}}{\partial[\mathbf{W}_\ell]_{i,\ j}}\right] \quad 式\ (13\text{-}45)$$

$$= \operatorname{tr}\left[\mathbf{e}_\ell^{\mathrm{T}} \frac{\partial \mathbf{z}_{\ell;\mathrm{O}}}{\partial[\mathbf{W}_\ell]_{i,\ j}}\right] \quad 式\ (13\text{-}46)$$

$$= \mathbf{e}_\ell^{\mathrm{T}} \operatorname{diag}[f'(\mathbf{z}_{\ell;\mathrm{I}})]\mathbf{i}_i[\mathbf{z}_{\ell-1;\mathrm{O}}]_j \quad 式\ (13\text{-}47)$$

式 (13-47) 可以简单记作“$e_i f_i z_j$”。用式 (13-47) 结果，可以构造如下矩阵。

$$\frac{\partial \mathcal{J}(\Theta)}{\partial \mathbf{W}_\ell} = \operatorname{diag}[f'(\mathbf{z}_{\ell;\mathrm{I}})]\mathbf{e}_\ell \mathbf{z}_{\ell-1;\mathrm{O}}^{\mathrm{T}} \quad 式\ (13\text{-}48)$$

同理，结合式 (13-33)，可求得代价函数关于偏置的偏导数：

$$\frac{\partial \mathcal{J}(\Theta)}{\partial[\mathbf{b}_\ell]_i} = \operatorname{tr}\left[\left(\frac{\partial \mathcal{J}(\Theta)}{\partial \mathbf{z}_{\ell;\mathrm{O}}}\right)^{\mathrm{T}} \frac{\partial \mathbf{z}_{\ell;\mathrm{O}}}{\partial[\mathbf{b}_\ell]_i}\right] \quad 式\ (13\text{-}49)$$

$$= \operatorname{tr}\left[\mathbf{e}_\ell^{\mathrm{T}} \frac{\partial \mathbf{z}_{\ell;\mathrm{O}}}{\partial[\mathbf{b}_\ell]_i}\right] \quad 式\ (13\text{-}50)$$

$$= \mathbf{e}_\ell^{\mathrm{T}} \operatorname{diag}[f'(\mathbf{z}_{\ell;\mathrm{I}})]\mathbf{i}_i \quad 式\ (13\text{-}51)$$

将结果整理，可得到：

$$\frac{\partial \mathcal{J}(\Theta)}{\partial \mathbf{b}_\ell} = \operatorname{diag}[f'(\mathbf{z}_{\ell;\mathrm{I}})]\mathbf{e}_\ell \quad 式\ (13\text{-}52)$$

至此，完成了代价函数对权值和偏置导数的推导。如果能够知道每一层的反传误差 $\mathbf{e}_\ell$，结合前向传播的值、非线性映射函数的导数，即可求解最优的参数更新方向。

13.4.5　顶层参数更新

对于顶层（第 L 层）参数，需要结合代价函数，单独更新。这里不做过多的讨论，更多的内容可以参考深度学习相关文献。

本章从原理上简要讨论了神经网络的参数学习问题，相关的数学推导不是那么严谨，在实际中，利用神经网络分析和处理数据时，可以借鉴领域前沿的文献，选取领域惯用的网络学习平台和网络描述方式，结合标注数据库，通常可以快速搭建基线系统。

13.5 问题

1. 分析卷积神经网络的操作流程。
2. 画出 GRU 网络从输入到输出的结构。
3. 结合自身专业，选定研究课题，综述现有经典目标分类与识别方法的网络结构。
4. 结合自身专业，基于选定的网络结构，对网络的结构、优缺点以及参数估计学习方法进行分析。
5. 推导和整理神经网络的反向传播方法。
6. 调研神经网络的训练平台，结合自身专业，选定具有开源数据集的任务，搭建神经网络，对结果进行分析。

第 14 章　分类、聚类和降维

分类、聚类和降维是智能信号处理中常见的问题。本章对这三类问题做简要探讨，具体包括如下内容。

- 样本距离与相似度。
- K 近邻、朴素贝叶斯、Logistic 二分类回归和 Softmax 多分类回归等算法。
- K 均值、密度峰值、层级等聚类方法。
- 主成分分析，自编码器。

14.1　距离与相似度

距离是机器学习的基石之一，它衡量了不同样本之间的差异或者说是相似程度。距离越远，样本之间的相似程度越低；距离越近，样本之间的相似程度越高。给定样本 $\mathbf{z}_i$ 和 $\mathbf{z}_j$，引入如下两个变量。

- $d(\mathbf{z}_i,\mathbf{z}_j)$ 为 $\mathbf{z}_i$ 和 $\mathbf{z}_j$ 之间的距离，例如，$d(\mathbf{z}_i,\mathbf{z}_j)=\|\mathbf{z}_i-\mathbf{z}_j\|^2$。
- $\gamma_{i,j}$ 为 $\mathbf{z}_i$ 和 $\mathbf{z}_j$ 之间的相似度，通常情况下，$|\gamma_{i,j}|\in[0,\ 1]$。

14.1.1　样本之间的距离

给定样本 $\mathbf{z}_i$ 和 $\mathbf{z}_j$，我们通常需要样本之间的距离来衡量样本之间的相似程度，这在聚类、分类等任务中十分重要。距离的定义多种多样，最常见的距离包括样本之差的范数，即：

$$d_{\ell_p}(\mathbf{z}_i,\mathbf{z}_j)\triangleq\left(\sum_{l=0}^{L-1}|z_i^{(l)}-z_j^{(l)}|^p\right)^{1/p} \qquad \text{式 (14-1)}$$

- 当 $p=2$ 时，式 (14-1) 为欧氏距离。
- 当 $p=1$ 时，式 (14-1) 为曼哈顿距离。
- 当 $p=\infty$ 时，范数由向量中绝对值最大的元素决定。

14.1.2　分布之间的距离

给定两个分布 $p(y)$ 和 $q(y)$，它们之间的 KL 距离为：

$$\mathrm{KL}[p(y)|q(y)]=\int_y p(y)\ln\frac{p(y)}{q(y)} \qquad \text{式 (14-2)}$$

$$\propto -\int_y p(y) \ln q(y) \qquad \text{式 (14-3)}$$

两个分布之间 KL 距离越近，两个分布就越相似，交叉熵也越小。交叉熵反应的是两个分布之间的差异，分布越接近，交叉熵越小；分布差异越大，交叉熵也越大。

KL 距离和交叉熵都可用于刻画两个分布之间的距离。给定两个向量 $\mathbf{z}_0$ 和 $\mathbf{z}_1$，如果向量的每个元素都是非负的，且元素之和等于 1，这种情况下，我们可以把两个向量看作离散变量在每个状态的分布。根据交叉熵的定义，可以定义两个非负向量的距离如下：

$$d(\mathbf{z}_0,\ \mathbf{z}_1) = -\sum_l z_0^{(l)} \ln z_1^{(l)} \qquad \text{式 (14-4)}$$

对于一些特殊的向量，例如，多分类问题中的 One-hot 向量。我们可以使用上述距离。

14.1.3 相似度

给定样本 $\mathbf{z}_i$ 和 $\mathbf{z}_j$，最常用的衡量样本相似度的指标是余弦夹角。给定样本 $\mathbf{z}_i$ 和 $\mathbf{z}_j$，它们之间的余弦夹角定义如下：

$$\gamma_{i,j} \triangleq \frac{\mathbf{z}_i^{\mathrm{T}} \mathbf{z}_j}{\sqrt{\|\mathbf{z}_i\|^2 \|\mathbf{z}_j\|^2}} \qquad \text{式 (14-5)}$$

可以验证，$\gamma_{i,j} \in [-1,\ 1]$，当两个向量处于同方向时，有 $\gamma_{i,j} = 1$。

14.2 分类

14.2.1 K 近邻算法

K 近邻算法是一种非常基础的分类方法，属于有监督学习中的一种。给定样本集 $\{(\mathbf{z}_i,\ y_i),\ i = 0,\ 1,\ 2,\ \cdots,\ N-1\}$。其中，$\mathbf{z}_i$ 是样本，也是分类器的输入，通常是从观测信号中提取出的特征向量；$y_i \in \{C_q,\ \ k = 0,\ 1,\ 2,\ \cdots,\ Q-1\}$ 是对应类别/状态信息。

如果有一个新的观测样本，则可利用 K 近邻算法估计样本的类别/状态 y'_j。其基本思想是：两个样本之间相似度越高，它们属于同一个类别的可能性越大。基于这个原理，一种简单的判别方法如下：

$$y'_j = y_{i^*} \qquad \text{式 (14-6)}$$

$$i^* = \arg\min_i d_{\ell_p}(\mathbf{z}'_j,\ \mathbf{z}_i) \qquad \text{式 (14-7)}$$

也就是说，通过样本之间的距离找出最近的带有标签的样本，然后将相应的标签作为待定样本的标签。

但是以上判别方法通常具有较强的随机性。为了使分类系统更加稳健，通常采用投票的方法。不同于选择距离最近样本的方法，K 近邻算法同时在训练集中选取 K 个与待定样本 $\mathbf{z}'_j$ 距离最近的样本，得到一个样本集合 $\{(\mathbf{z}_{j_k},\ y_{j_k}),\ k=0,\ 1,\ 2,\ \cdots,\ K-1\}$，然后对集合 $\{y_{j_k}\}$ 进行统计，出现最多的标签即为待定样本的标签。

14.2.2　朴素贝叶斯

仍以分类任务为例，给定待分析样本 $\mathbf{z}'_j$，需要寻找样本的类别信息 y'_j。给定一个带有标签的数据集 $\{(\mathbf{z}_i,\ y_i),\ i=0,\ 1,\ 2,\ \cdots,\ N-1\}$。如果把 $\mathbf{z}_i$ 当作随机过程的不同实现/采样，有：

$$p(y|\mathbf{z})=\sum_{q=0}^{Q-1}P(y=C_q|\mathbf{z})\delta(y-C_q) \qquad \text{式 (14-8)}$$

给定任意样本，我们就能利用式 (14-8) 对样本的类别进行推断。其概率分布可以从给定的训练数据集中去学习。

对于给定的数据集，可以将数据集划分为 Q 个子集合，每个子集合包含一类数据样本。如此一来，对于每类集合，都可以建立一定的密度函数模型并且估计其参数：

$$p(\mathbf{z}|y=C_q) \qquad \text{式 (14-9)}$$

例如，高斯模型，拉普拉斯模型，甚至是将 $\mathbf{z}$ 的各个维度的值离散化，然后做一个表格去统计。同时，在给定的数据集下，很容易得到先验分布 $P(y=C_q)$。

利用贝叶斯方法，可以将后验概率表示如下。

$$P(y=C_q|\mathbf{z})=\frac{p(\mathbf{z}|y=C_q)P(y=C_q)}{\sum_{q=0}^{Q-1}p(\mathbf{z}|y=C_q)P(y=C_q)} \qquad \text{式 (14-10)}$$

式 (14-10) 中每项都是可以从数据中学习得到。模型参数习得之后，即可进行任意新数据的分类。

朴素贝叶斯方法将 $p(\mathbf{z}|y=C_q)$ 做了进一步简化以方便建模/统计。假定 $\mathbf{z}$ 的第 l 个元素为 $z^{(l)}$，$\mathbf{z}\triangleq[z^{(0)}\ \ z^{(1)}\ \ \cdots\ \ z^{(L-1)}]^{\mathrm{T}}$，假定 $\mathbf{z}$ 中各元素之间相互独立，这种情况下，有：

$$p(\mathbf{z}|y=C_q)=\prod_{l=0}^{L-1}p(z^{(l)}|y=C_q) \qquad \text{式 (14-11)}$$

这样一来，只须对每个维度的密度函数进行建模，即可完成整体模型的建模。

14.2.3 Logistic 二分类回归与 Softmax 多分类回归

1. Logistic 二分类回归

Logistic 回归建模的是二分类问题，例如，信号检测问题。对于这类问题，标签有两类 $\{C_0, C_1\}$。考虑特征是一维的情况，将特征记作 z，标签记作 y，根据 Logistic 回归，可以通过如下方式实现检测：

$$P(y=C_1|z)=\frac{1}{1+\mathrm{e}^{wz+b}} \qquad \text{式 (14-12)}$$

其中，w 和 b 是两个常数。由于 $P(y=C_1|z)+P(y=C_0|z)=1$，可得，

$$P(y=C_0|z)=\frac{\mathrm{e}^{wz+b}}{1+\mathrm{e}^{wz+b}} \qquad \text{式 (14-13)}$$

利用训练数据，即可学到最优的 w 和 b 参数。

对于二分类问题，如果知道每类的概率密度函数，即 $p(z|y=C_1)$ 和 $p(z|y=C_0)$，则后验概率其实可以描述如下：

$$P(y=C_1|z)=\frac{p(z|y=C_1)P(C_1)}{p(z|y=C_0)P(C_0)+p(z|y=C_1)P(C_1)} \qquad \text{式 (14-14)}$$

$$P(y=C_0|z)=\frac{p(z|y=C_0)P(C_0)}{p(z|y=C_0)P(C_0)+p(z|y=C_1)P(C_1)} \qquad \text{式 (14-15)}$$

取 $P(C_0)=P(C_1)$，可以根据 Logistic 回归对 $P(y=C_1|z)$ 和 $P(y=C_0|z)$ 的建模情况，反推 $p(z|y=C_1)$ 和 $p(z|y=C_0)$ 的模型，请读者自行验证。

对于多维特征 $\mathbf{z}$，可以引入权系数向量 $\mathbf{w}$ 和偏置 b，对 $P(y=C_1|\mathbf{z})$ 和 $P(y=C_0|\mathbf{z})$ 做如下建模。

$$P(y=C_1|\mathbf{z})=\frac{1}{1+\mathrm{e}^{\mathbf{w}^{\mathrm{T}}\mathbf{z}+b}} \qquad \text{式 (14-16)}$$

$$P(y=C_0|\mathbf{z})=\frac{\mathrm{e}^{\mathbf{w}^{\mathrm{T}}\mathbf{z}+b}}{1+\mathrm{e}^{\mathbf{w}^{\mathrm{T}}\mathbf{z}+b}} \qquad \text{式 (14-17)}$$

这就相当于对特征先做一个投射，再利用 Logistic 回归计算后验概率。利用训练数据可以学习模型的参数 $\mathbf{w}$ 和 b。

为了简化描述，可以对特征 $\mathbf{z}$ 增加一个维度，即 $\mathbf{z}\leftarrow[\mathbf{z}^{\mathrm{T}}\ \ 1]^{\mathrm{T}}$；同时，对权系数向量 $\mathbf{w}$ 也增加一个维度，即 $\mathbf{w}\leftarrow[\mathbf{w}^{\mathrm{T}}\ \ b]^{\mathrm{T}}$。这样一来，可将 $P(y=C_1|\mathbf{z})$ 和 $P(y=C_0|\mathbf{z})$ 的模型简化如下：

$$P(y=C_1|\mathbf{z})=\frac{1}{1+\mathrm{e}^{\mathbf{w}^{\mathrm{T}}\mathbf{z}}} \qquad \text{式 (14-18)}$$

$$P(y=C_0|\mathbf{z})=\frac{\mathrm{e}^{\mathbf{w}^{\mathrm{T}}\mathbf{z}}}{1+\mathrm{e}^{\mathbf{w}^{\mathrm{T}}\mathbf{z}}} \qquad \text{式 (14-19)}$$

需要注意的是，式 (14-18)、式 (14-19) 中的特征 $\mathbf{z}$ 不是原始的特征，它比原始特征向量多一维，多出来的那个维度是常数 1。

2. Softmax 多分类回归

对于多分类问题，需要用到 Softmax 回归模型。对于 Q 个类别问题，假设类别的集合为 $\{C_q, q=0, 1, 2, \cdots, Q-1\}$，也就是说，任意标签 $y \in \{C_q\}$。Softmax 回归通过以下方式建模后验概率：

$$P(y=C_q|\mathbf{z}) = \frac{\mathrm{e}^{\mathbf{w}_q^{\mathrm{T}}\mathbf{z}}}{\sum_{q=0}^{Q-1}\mathrm{e}^{\mathbf{w}_q^{\mathrm{T}}\mathbf{z}}}, \quad q=0, 1, 2, \cdots, Q-1 \qquad \text{式 (14-20)}$$

需要注意的是，式 (14-20) 中的 $\mathbf{z}$ 也并不是原始的特征，它在原来特征的基础上增加了一个维度。可以验证 $\sum_{q=0}^{Q-1} P(y=C_q|\mathbf{z}) = 1$。

Softmax 回归刻画了后验模型，但是目前我们并没有讨论模型的学习问题。这里简要介绍一下通用的模型参数学习过程：一是构造代价函数；二是估计代价函数关于模型参数的梯度；三是更新参数。定义 y 是一个 one-hot 的向量，如果某个样本/特征数据来自第 q 个类别，则 y 的第 q 个元素为 1，其余元素为 0。同时，定义如下函数：

$$\hat{y}(\mathbf{W}, \mathbf{z}) \triangleq \begin{bmatrix} P(y=C_0|\mathbf{z}) \\ P(y=C_1|\mathbf{z}) \\ \vdots \\ P(y=C_{Q-1}|\mathbf{z}) \end{bmatrix} \qquad \text{式 (14-21)}$$

其中，$\mathbf{W} \triangleq [\mathbf{w}_0 \ \mathbf{w}_1 \ \cdots \ \mathbf{w}_{Q-1}]$。交叉熵损失函数在给定模型 $\hat{y}(\mathbf{W}, \mathbf{z})$ 和训练集 $\{(\mathbf{z}_i, y_i), \forall i\}$ 可以描述如下。

$$\mathcal{J}(\mathbf{W}) = -\frac{1}{N}\sum_{i=0}^{N-1} y_i^{\mathrm{T}} \ln \hat{y}(\mathbf{W}, \mathbf{z}_i) \qquad \text{式 (14-22)}$$

对 $\mathbf{W}$ 求偏导得：

$$\frac{\partial \mathcal{J}(\mathbf{W})}{\partial \mathbf{W}} = -\frac{1}{N}\sum_{i=0}^{N-1} \mathbf{z}_i[y_i - \hat{y}(\mathbf{W}, \mathbf{z}_i)]^{\mathrm{T}} \qquad \text{式 (14-23)}$$

采用梯度下降法，权系数（模型参数）的更新准则可以表示如下：

$$\mathbf{W}_{t+1} = \mathbf{W}_t - \alpha \left.\frac{\partial \mathcal{J}(\mathbf{W})}{\partial \mathbf{W}}\right|_{\mathbf{W}=\mathbf{W}_t} \qquad \text{式 (14-24)}$$

$$= \mathbf{W}_t + \alpha \left[\frac{1}{N}\sum_{i=0}^{N-1} \mathbf{z}_i[y_i - \hat{y}(\mathbf{W}_t, \mathbf{z}_i)]^{\mathrm{T}}\right] \qquad \text{式 (14-25)}$$

其中，$\alpha \in (0, 1)$ 是模型的学习率。随着迭代的次数的增加，损失函数会逐步减少，模型逐渐收敛，最后得到最优的模型参数。

14.2.4 深度学习

对于复杂的数据和问题，简单的分类方法不能满足要求，往往需要构建深度神经网络实现分类。

14.3 有监督学习和无监督学习

14.3.1 有监督学习

模型学习方法大致可以分为有监督学习和无监督学习两大类。对于有监督学习，训练集中的每个样本都有指定的输出，学习的目的就是要建立输入和输入之间的映射关系，或者说是概率 $p(y|\mathbf{z})$。

之前介绍的分类问题就是一种有监督学习，除了分类任务，典型的有监督学习还包括标注问题和回归问题。

1. 标注问题

标注问题的输入输出均是一个序列，但输入输出序列的长度是不定的。例如，语音识别、翻译、自然语言处理等。

2. 回归问题

与分类问题和标注问题不同，回归问题中模型的输出 y 是连续的，它的目的是通过对训练集的学习，能够预测新样本对应的物理变量的值。例如，股票的预测，通过从前数据的学习，预测未来某一时刻股票的走势。

14.3.2 无监督学习

在无监督学习任务中，训练集没有标签，学习的目的是寻找数据本身的规律，典型的任务有聚类和降维。

1. 聚类

给定数据集，假设已知数据集里类别的个数 k，聚类的目的就是将已有的数据集分成 K 个子数据集，每个子数据集内的数据尽可能相似对应一个类别。

2. 降维

在实际应用中，当提取出一系列特征时，各个维度的特征之间存在一定的相关性或关联关系。降维的目的就是利用特征之间的冗余信息来降低特征的维度，在建模中不仅可以降低模型的复杂度，还可以改善模型的稳健性和泛化能力。

针对聚类问题，本章将会探讨 K 均值聚类方法、密度峰值聚类和层次聚类方法；针对降维问题，本章将会探讨主成分分析方法和自编码方法。

14.4 聚类

14.4.1 K 均值聚类

给定样本训练集 $\{\mathbf{z}_j, j=0, 1, 2, \cdots, N-1\}$，假定总共有 K 类[①]。假设两个样本之间的距离为 $d(\mathbf{z}_i, \mathbf{z}_j)$，类别的中心分别为 $\{\boldsymbol{\mu}_k, k=0, 1, 2, \cdots, K-1\}$，K 均值算法的思路是：样本属于离类别中心最近的那一类。

方便起见，我们定义样本 $\mathbf{z}_j$ 的类别为 y_j，类别的集合为 $\{C_k, k=0, 1, 2, \cdots, K-1\}$，且 $y_j \in \{C_k\}$。

K 均值聚类算法如下。

- 样本 $\mathbf{z}_j$ 的类别属性 y_j 为离它最近的类别中心对应的类，即：

$$y_j = C_{k_j} \qquad \text{式 (14-26)}$$

$$k_j = \arg\min_k d(\mathbf{z}_j, \boldsymbol{\mu}_k) \qquad \text{式 (14-27)}$$

  如果取 $C_k = k$，则式 (14-26)、式 (14-27) 可以化简为一个公式。

- 一次聚类后，样本集合会分成 K 个子集合，每个集合代表一个类别。根据 K 个子集合，将子集合的中心进行更新，也就是说，

$$\boldsymbol{\mu}_k = \frac{1}{N_k} \sum_{j,\ y_j = C_k} \mathbf{z}_j \qquad \text{式 (14-28)}$$

其中，N_k 是第 k 个子集合中样本的个数。

重复上述操作，直到算法收敛。

K 均值聚类算法最终的收敛后的结果与初始状态有关，好的初始值的设定往往需要一些技巧、专家知识，或者是先验知识。

14.4.2 密度峰值聚类

该方法基于两个属性完成聚类：一是对于同一类样本，类别中心处密度函数的值要大于其他位置密度函数的值；二是类别中心相互之间的距离相对较大。

1. 密度估计

密度峰值聚类方法首先需要计算各样本点处密度函数的值，然后寻找密度函数的峰值。

给定样本集合 $\{\mathbf{z}_i, i=0, 1, 2, \cdots, N-1\}$ 和距离函数 $\mathrm{d}(\mathbf{z}_i, \mathbf{z}_j)$，设定一个

---

① 注意，“K 近邻算法”中的 K 是指选取了多少个与待定样本相近的样本，而“K 均值聚类”中的 K 是指有多少个类别。

距离门限 ϵ_0，样本 $\mathbf{z}_i$ 处的局部密度函数可通过如下公式估计：

$$\rho_i = \sum_{j=0}^{N-1} \chi[\mathrm{d}(\mathbf{z}_i, \mathbf{z}_j) - \epsilon_0] \quad \text{式 (14-29)}$$

其中，函数 $\chi(\cdot)$ 为：

$$\chi(x) = \begin{cases} 1, & x < 0 \\ 0, & \text{其他} \end{cases} \quad \text{式 (14-30)}$$

也就是说，对于给定的样本集，统计离这个样本点距离较近的样本点的个数。一般情况下，当样本之间的距离小于预设门限时，认为二者互为比邻。

显然，ϵ_0 值越大，样本点平均拥有的比邻点越多；反之，样本点平均拥有的比邻点越少。一般情况下，如果选取门限使平均的比邻数量等于样本总数的一个比例，例如，1%，则认为该门限是一个合适的门限。

2. 样本点最小距离

对于每个样本点 $\mathbf{z}_i$，除了计算它的密度，还会计算一个距离参数。

给定样本集合 $\{(\mathbf{z}_i; \rho_i)\}$，样本点的最小距离通过如下方式计算：

$$\delta_i = \min_{j,\ \rho_j > \rho_i} \mathrm{d}(\mathbf{z}_i, \mathbf{z}_j) \quad \text{式 (14-31)}$$

细心的读者会发现，对于密度最大的样本点 $\mathbf{z}_{i^*}$，不存在 $\rho_j > \rho_{i^*}$ 的点；对于这样一个样本点，可以做如下定义：

$$\delta_{i^*} = \max_j \mathrm{d}(\mathbf{z}_{i^*}, \mathbf{z}_j) \quad \text{式 (14-32)}$$

至此，对于每个样本点，都会计算这样一个距离，样本的集合变为 $\{(\mathbf{z}_i; \rho_i, \delta_i)\}$。

如果把密度函数类比为一个区域内的多个“峰”，每个峰的峰值点（密度峰值点）对应的是类别中心的样本点。显然，对于密度峰值附近的点，这个距离是指样本点与峰值点的距离；而对于峰值点，这个距离是指比它更高的、其他类别中的某个样本点。

14.4.3 层级聚类

与 K 均值聚类算法不同，层级聚类算法不需要迭代操作，只须按层级依次聚类即可。层级聚类算法的核心思路是：样本集合中距离最近/相似度最高的样本一定是属于同一个类。

给定样本集合 $\{\mathbf{z}_j, j = 0, 1, 2, \cdots, N-1\}$，层级聚类方法按以下步骤实现样本的聚类。

- 第 0 层筛选。计算 $\mathbb{Z} \triangleq \{\mathbf{z}_j\}$ 中两两样本之间的距离，找到距离最近的两个样本，即 $\mathbf{z}_{j_1}$ 和 $\mathbf{z}_{j_2}$。
- 将两个样本取平均，得到新样本 $\mathbf{z}_0^{(1)} = 0.5(\mathbf{z}_{j_1} + \mathbf{z}_{j_2})$。从集合 $\mathbb{Z}$ 中去除 $\mathbf{z}_{j_1}$ 和 $\mathbf{z}_{j_2}$，同时加入新样本 $\mathbf{z}_0^{(1)}$，最后得到第一层样本集合 $\mathcal{Z}^{(1)}$。
- 第 1 层筛选，得到第二层样本集合 $\mathcal{Z}^{(2)}$。
- 以此类推。

最多可以形成 N 层样本集合，第 ℓ 层的样本集合 $\mathbb{Z}^{(\ell)}$ 总共有 $N-\ell$ 个样本。因为第 $N-K$ 层的样本个数为 K 个，所以如果需要的类别个数为 K，那么总共需要 $N-K$ 次聚类。第 $N-K$ 层的 K 个样本可以理解为 K 个类别的中心。

上述步骤能够计算类别的中心，但并未给出每个样本的类别属性。为了得到样本的类别属性，定义下标索引集合 $\mathbb{J}_j^{(\ell)}$，对于每层的每一个样本 $\mathbf{z}_j^{(\ell)}$，都有一个下标索引与之一一对应。在各层样本进行更新时，索引集合也会更新，主要包含交换次序和合并两个操作。当聚类到 $N-K$ 层的时候，根据下标集合 $\mathbb{J}_j^{(N-K)}$ 即可知道所有样本的类别属性。另外，我们也可以根据类别中心，通过计算样本与类别中心的距离判定样本的类别属性。

14.5 降维

主成分分析是一种特殊的线性降维操作。假设存在 Q 个相互正交的单位向量 $\mathbf{u}_q$，$q=0, 1, 2, \cdots, Q-1$，且 $Q \leqslant L$。给定训练集中的任意样本 $\mathbf{z}_j$，它都能够近似地表示为：

$$\mathbf{z}_j \approx \sum_{q=0}^{Q-1} a_{q,\,j}\mathbf{u}_q \qquad \text{式 (14-33)}$$

均方误差最小准则下的 $\{\mathbf{u}_q\}$ 对应的是 $\mathbf{Z}\mathbf{Z}^{\mathrm{T}}$ 最大的 Q 个特征值对应的特征向量，即主成分。

从向量逼近的角度出发，将式 (14-33) 两边同时乘以 $\mathbf{u}_j^{\mathrm{T}}$，可得：

$$a_{q,\,j} = \mathbf{u}_q^{\mathrm{T}}\mathbf{z}_j \qquad \text{式 (14-34)}$$

因此，

$$\mathbf{z}_j \approx \sum_{q=0}^{Q-1} \mathbf{u}_q\mathbf{u}_q^{\mathrm{T}}\mathbf{z}_j \qquad \text{式 (14-35)}$$

逼近误差为：

$$\mathbf{e}_j = \mathbf{z}_j - \sum_{q=0}^{Q-1} \mathbf{u}_q\mathbf{u}_q^{\mathrm{T}}\mathbf{z}_j \qquad \text{式 (14-36)}$$

可以验证，主成分分析得到的向量能够使均方误差 $(1/N)\sum_j \|\mathbf{e}_j\|^2$ 最小。

样本 $\mathbf{z}_j$ 经过主成分分析后的新特征向量为：

$$\mathbf{a}_j \triangleq [a_{0,\ j}\ \ a_{1,\ j}\ \ \cdots\ \ a_{Q-1,\ j}]^{\mathrm{T}} \quad \text{式 (14-37)}$$

$$= [\mathbf{u}_0^{\mathrm{T}}\mathbf{z}_j\ \ \mathbf{u}_1^{\mathrm{T}}\mathbf{z}_j\ \ \cdots\ \ \mathbf{u}_{Q-1}^{\mathrm{T}}\mathbf{z}_j]^{\mathrm{T}} \quad \text{式 (14-38)}$$

主成分分析能够最大化变换后特征的方差。例如，当 $Q = 1$ 时，新特征的方差如下：

$$\sigma^2 = \frac{1}{N}\sum_{j=0}^{N-1}|a_{0,\ j}|^2 \quad \text{式 (14-39)}$$

$$= \frac{1}{N}\mathbf{u}_0^{\mathrm{T}}\mathbf{Z}\mathbf{Z}^{\mathrm{T}}\mathbf{u}_0 \quad \text{式 (14-40)}$$

在 $\|\mathbf{u}_0\| = 1$ 的约束下最大化该方差，所得到的向量是矩阵 $\mathbf{Z}\mathbf{Z}^{\mathrm{T}}$ 的特征向量，并且是最大的特征值对应的特征向量。当 $Q > 1$ 时，该结论仍然成立，读者可以自行验证。

上述的分析过程中，假定样本的均值为零。对于实际中均值不为零的情况，可以先去除样本中的均值，即 $\mathbf{z}_j \leftarrow \mathbf{z}_j - (1/N)\sum_{i=0}^{N-1}\mathbf{z}_i$。

主成分分析能够实现数据的压缩，这种压缩的本质是做一个线性变换。利用深度神经网络，可以实现更加高效的数据压缩，典型的网络是深度自编码器。自编码器通常由两个部分构成：编码网络和解码网络。编码器的输出（编码单元最后一层神经网络的输出）往往要比原始输入的维度小得多；解码器的输入是编码器的输出，它的输出是重构出的原始数据。在训练中，通过最小化解码器重构数据与原始数据之间的误差/距离，利用反向传播方法，能够自动从数据中匹配一个给定准则和网络框架下的最优编码器。

14.6 问题

1. 总结密度峰值聚类的算法流程。
2. 仿真生成 5000 条 2 维随机向量，向量的元素为 −1 到 1 之间的随机数，假设向量分别来自 3 个类别，3 个类别的方差为 0.01，类别中心为 $[1\ \ 1]^{\mathrm{T}}$，$[-1\ \ 1]^{\mathrm{T}}$ 和 $[1\ \ -1]^{\mathrm{T}}$，试利用 K 均值聚类方法和密度峰值聚类方法完成聚类。
3. 基于第 2 题的数据集，分别利用 K 近邻算法和 Softmax 回归构建分类器；生成新的数据，验证算法分类的性能。
4. 分析变分自编码器的原理。
5. 结合自身研究，研究分类、聚类和降维问题。

第 15 章　支持向量机

支持向量机（Support Vector Machine，SVM）的研究具有非常重要的理论意义和应用价值。因此，本章简要讨论支持向量机的原理和构造方法，具体包括如下内容。

- 决策函数和优化问题。
- 稳健 SVM。
- SVM 的等价形式。
- 核函数 SVM。

15.1　决策函数与优化问题

15.1.1　决策函数

我们以二分类问题为基础对支持向量机展开讨论，给定样本集 $\{(\mathbf{z}_i, y_i)\}$，其中，$\mathbf{z}_i$ 是由特征构成的向量，y_i 是标签。在支持向量机中，为了便于描述优化问题，标签比较特殊，通常取 $y_i = 1$ 和 $y_i = -1$ 分别表示样本 $\mathbf{z}_i$ 是属于第 1 类还是第 0 类，例如，检测的目标有或者无。换句话说，对于标签集合 $\{C_0, C_1\}$，取 $C_0 = -1$，$C_1 = 1$。

类似于 Logistic 二分类回归问题，支持向量机也需要对特征按给定的权系数向量和偏置进行变换。它的决策函数如下：

$$\hat{y}(\mathbf{w}, b; \mathbf{z}) = \operatorname{sign}[\mathbf{w}^{\mathrm{T}}\mathbf{z} + b] \qquad 式 (15\text{-}1)$$

$\mathbf{w}$ 和 b 就是需要从训练集合中确定的参数。其中，$\operatorname{sign}(\cdot)$ 是符号函数，$\operatorname{sign}(x) = 1, \ \forall x > 0; \quad \operatorname{sign}(x) = -1, \ \forall x < 0$。

对于给定 $\mathbf{w}$ 和 b，

$$\mathbf{w}^{\mathrm{T}}\mathbf{z} + b = 0 \qquad 式 (15\text{-}2)$$

描述的是一个高维空间的超平面。特殊情况是，当 $\mathbf{z}$ 的维度为 2 时，该方程对应二维平面上的一条直线。

支持向量机的学习就是寻找一个合适的超平面，以便“很好”地区分正样本和负样本。

15.1.2 设计准则

设计该超平面的基本准则是：让距离超平面几何距离最小的点到超平面的距离最大化[①]，即：

$$\max_{\mathbf{w},\ b} \min_{i} \frac{|\mathbf{w}^{\mathrm{T}}\mathbf{z}_i + b|}{\|\mathbf{w}\|},\ \forall i \qquad 式(15\text{-}3)$$

由于 $\mathbf{w}^{\mathrm{T}}\mathbf{z}_i + b > 0$ 时，$y_i = 1$，$\mathbf{w}^{\mathrm{T}}\mathbf{z}_i + b < 0$ 时，$y_i = -1$，因此有，$|\mathbf{w}^{\mathrm{T}}\mathbf{z}_i + b| = y_i(\mathbf{w}^{\mathrm{T}}\mathbf{z}_i + b)$，上述问题也可以表示为：

$$\max_{\mathbf{w},\ b} \min_{i} \frac{y_i(\mathbf{w}^{\mathrm{T}}\mathbf{z}_i + b)}{\|\mathbf{w}\|},\quad \forall i \qquad 式(15\text{-}4)$$

15.1.3 优化问题

通过引入辅助变量 t，可以将上述问题改写为：

$$\max_{\mathbf{w},\ b} t \qquad 式(15\text{-}5)$$

$$\text{s.t.}\quad \frac{y_i(\mathbf{w}^{\mathrm{T}}\mathbf{z}_i + b)}{\|\mathbf{w}\|} \geqslant t,\quad \forall i \qquad 式(15\text{-}6)$$

定义 $t' = t\|\mathbf{w}\|$，利用变量代换，可得：

$$\max_{\mathbf{w},\ b} \frac{t'}{\|\mathbf{w}\|} \qquad 式(15\text{-}7)$$

$$\text{s.t.}\quad y_i(\mathbf{w}^{\mathrm{T}}\mathbf{z}_i + b) \geqslant t',\quad \forall i \qquad 式(15\text{-}8)$$

对于该优化问题，t' 的选取可能影响最优的 $\mathbf{w}$ 和 b 的值，但并不会影响超平面 $\mathbf{w}^{\mathrm{T}}\mathbf{z} + b = 0$。

方便起见，选取 $t' = 1$。通过整理，优化问题可以转换为：

$$\min_{\mathbf{w},\ b} \frac{1}{2}\|\mathbf{w}\|^2 \qquad 式(15\text{-}9)$$

$$\text{s.t.}\quad 1 - y_i(\mathbf{w}^{\mathrm{T}}\mathbf{z}_i + b) \leqslant 0,\quad \forall i \qquad 式(15\text{-}10)$$

以上问题为凸优化问题中的凸二次规划问题。

15.1.4 拉格朗日函数与 KKT 条件[②]

相应的拉格朗日函数可以表示如下：

$$\mathcal{L}(\mathbf{w},\ b;\ \alpha_i) = \frac{1}{2}\|\mathbf{w}\|^2 + \sum_{i=0}^{N-1} \alpha_i [1 - y_i(\mathbf{w}^{\mathrm{T}}\mathbf{z}_i + b)] \qquad 式(15\text{-}11)$$

---

① 几何距离的理解见附录。

② KKT 条件是由 Kuhn、Tucker、Karush 3 位学者独立发现的作为带约束可微分优化问题的最优性条件。

其中，$\alpha_i \geqslant 0$，$\forall i$ 是拉格朗日乘子。

优化问题可以表述成如下形式：

$$\min_{\mathbf{w}, b} \max_{\alpha_i} \mathcal{L}(\mathbf{w}, b; \alpha_i) \qquad \text{式 (15-12)}$$

$$\text{s.t. } \alpha_i \geqslant 0, \quad \forall i \qquad \text{式 (15-13)}$$

对于该问题，最优的 $\mathbf{w}$，b；α_i 满足下面的 KKT 条件。

KKT 条件建立起了优化问题中自变量之间的相互约束关系，对支持向量机的推导与分析很有帮助。对于式 (15-13)，它的 KKT 条件可以描述如下：

$$\frac{\partial}{\partial \mathbf{w}} \mathcal{L}(\mathbf{w}, b; \alpha_i) = \mathbf{0} \qquad \text{式 (15-14)}$$

$$\frac{\partial}{\partial b} \mathcal{L}(\mathbf{w}, b; \alpha_i) = 0 \qquad \text{式 (15-15)}$$

$$\alpha_i [y_i(\mathbf{w}^{\mathrm{T}} \mathbf{z}_i + b) - 1] = 0, \quad \forall i \qquad \text{式 (15-16)}$$

$$1 - y_i(\mathbf{w}^{\mathrm{T}} \mathbf{z}_i + b) \leqslant 0, \quad \forall i \qquad \text{式 (15-17)}$$

$$\alpha_i \geqslant 0, \quad \forall i \qquad \text{式 (15-18)}$$

该条件可以进一步化简可得：

$$\mathbf{w} = \sum_{i=0}^{N-1} \alpha_i y_i \mathbf{z}_i \qquad \text{式 (15-19)}$$

$$\sum_{i=0}^{N-1} \alpha_i y_i = 0 \qquad \text{式 (15-20)}$$

$$\alpha_i [y_i(\mathbf{w}^{\mathrm{T}} \mathbf{z}_i + b) - 1] = 0, \quad \forall i \qquad \text{式 (15-21)}$$

$$1 - y_i(\mathbf{w}^{\mathrm{T}} \mathbf{z}_i + b) \leqslant 0, \quad \forall i \qquad \text{式 (15-22)}$$

$$\alpha_i \geqslant 0, \quad \forall i \qquad \text{式 (15-23)}$$

从 KKT 条件中，我们可以得出如下重要结论。

- 式 (15-19) 明确了最优的 $\mathbf{w}$ 是样本加权求和的结果。
- 式 (15-20) 给出了关于拉格朗日乘子的约束。
- 对于 $y_i(\mathbf{w}^{\mathrm{T}} \mathbf{z}_i + b) > 1$ 的样本点，为了满足式 (15-21)，相应的 α_i 必须等于 0；这些点在优化过程中对应的约束条件不会被激活，不参与优化过程，也不参与 $\mathbf{w}$ 向量的重构。
- 对于 $\alpha_i \neq 0$ 的样本点，为了满足式 (15-21)，必须有 $y_i(\mathbf{w}^{\mathrm{T}} \mathbf{z}_i + b) = 1$，也就是说，$\mathbf{w}^{\mathrm{T}} \mathbf{z}_i + b = 1$ 或者 $\mathbf{w}^{\mathrm{T}} \mathbf{z}_i + b = -1$，这两个等式分别对应两个超平面。因此，对于所有 $\alpha_i \neq 0$ 的点，它们都落在这两个超平面上。

落在超平面上的样本点就叫作支持向量。给定一个训练样本集，支持向量通常都只有少量的点；方便起见，我们定义支持向量对应下标的集合为 $\mathbb{I}_\mathrm{S} \triangleq \{i,\ \mathbf{w}^\mathrm{T}\mathbf{z}_i + b = \pm 1\}$。

15.1.5 对偶优化问题

式 (15-13) 的优化问题可以重新写成以下的形式：

$$\max_{\alpha_i} \min_{\mathbf{w},\ b} \mathcal{L}(\mathbf{w},\ b;\ \alpha_i) \quad \text{式 (15-24)}$$

$$\text{s.t. } \alpha_i \geqslant 0,\ \forall i \quad \text{式 (15-25)}$$

考虑 KKT 条件中的式 (15-19) 和式 (15-20)，可以将上述优化问题简化为：

$$\max_{\alpha_i} -\frac{1}{2}\sum_{i=0}^{N-1}\sum_{j=0}^{N-1}\alpha_i\alpha_j y_i y_j \mathbf{z}_i^\mathrm{T}\mathbf{z}_\mathrm{j} + \sum_{i=0}^{N-1}\alpha_i \quad \text{式 (15-26)}$$

$$\text{s.t. } \alpha_i \geqslant 0,\ \forall i \quad \text{式 (15-27)}$$

将最大化问题改成最小化问题，SVM 的优化问题最终变成：

$$\min_{\alpha_i} \frac{1}{2}\sum_{i=0}^{N-1}\sum_{j=0}^{N-1}\alpha_i\alpha_j y_i y_j \mathbf{z}_i^\mathrm{T}\mathbf{z}_\mathrm{j} - \sum_{i=0}^{N-1}\alpha_i \quad \text{式 (15-28)}$$

$$\text{s.t. } \alpha_i \geqslant 0,\ \forall i \quad \text{式 (15-29)}$$

该问题有很多求解方法，典型的有序列最小优化（Sequential Minimal Optimization，SMO）和交替方向乘子（Alternating Direction Method of Multipliers，ADMM）方法，后续会有讨论。

完成 α_i 的估计后，最优的权系数 $\mathbf{w}$ 可根据式 (15-19) 求解；由于对于所有支持向量满足 $\mathbf{w}^\mathrm{T}\mathbf{z}_i + b = \pm 1$ 或者说 $\mathbf{w}^\mathrm{T}\mathbf{z}_i + b = y_i$，偏置 b 满足 $b = y_i - \mathbf{w}^\mathrm{T}\mathbf{z}_i$，$\forall i \in \mathbb{I}_\mathrm{S}$。方便起见，将 $\mathbf{w}$ 和 b 的估计公式总结如下：

$$\mathbf{w} = \sum_{i=0}^{N-1}\alpha_i y_i \mathbf{z}_i \quad \text{式 (15-30)}$$

$$b = y_i - \mathbf{w}^\mathrm{T}\mathbf{z}_i,\quad \forall i \in \mathbb{I}_\mathrm{S} \quad \text{式 (15-31)}$$

15.2 稳健 SVM

SVM 在推导过程中，使用了一个非常强的假设，即存在一个超平面，能够将正样本和负样本分开。在实际中，由于很多复杂的原因，例如，存在数据误差，有的正样本会在负样本集合里面，而负样本会出现在正样本集合里面。这种条件下，期望的超平面可能不存在，导致优化问题不能收敛。针对这一现象，需要引入松弛变量对原问题进行缩放。

具体而言，对于每个样本的约束，引入松弛变量 ξ_i，将优化问题重新表述如下。

$$\min_{\mathbf{w},b,\xi_i} \frac{1}{2}\|\mathbf{w}\|^2 + C\sum_{i=0}^{N-1}\xi_i \quad \text{式 (15-32)}$$

$$\text{s.t. } y_i(\mathbf{w}^{\mathrm{T}}\mathbf{z}_i + b) \geqslant 1 - \xi_i,\ \forall i \quad \text{式 (15-33)}$$

$$\xi_i \geqslant 0,\ \forall i \quad \text{式 (15-34)}$$

式 (15-34) 中的参数 ξ_i 用于调整分类器对第 i 个样本的容忍范围。

- 当 $\xi_i \in (0,\ 1)$ 时，$\mathbf{z}_i$ 允许出现在超平面 $\mathbf{w}^{\mathrm{T}}\mathbf{z}_i + b = 0$ 和 $\mathbf{w}^{\mathrm{T}}\mathbf{z}_i + b = \pm 1$ 之间。
- 当 $\xi_i = 1$ 时，$\mathbf{z}_i$ 允许出现在超平面 $\mathbf{w}^{\mathrm{T}}\mathbf{z}_i + b = 0$ 上。
- 当 $\xi_i > 1$ 时，$\mathbf{z}_i$ 允许出现标签错误。

本章后续内容会对 ξ_i 的作用进行详细探讨。

相应的拉格朗日函数可以表示如下：

$$\mathcal{L}(\mathbf{w},\ b;\ \alpha_i,\ \beta_i) = \frac{1}{2}\|\mathbf{w}\|^2 + C\sum_{i=0}^{N-1}\xi_i + \sum_{i=0}^{N-1}\alpha_i[1 - \xi_i - y_i(\mathbf{w}^{\mathrm{T}}\mathbf{z}_i + b)] - \sum_{i=0}^{N-1}\beta_i\xi_i \quad \text{式 (15-35)}$$

其中，$\alpha_i \geqslant 0$，$\beta_i \geqslant 0$，$\forall i$ 是拉格朗日乘子。关于未知变量的优化问题可以描述如下。

$$\min_{\mathbf{w},\ b,\ \xi_i}\ \max_{\alpha_i,\ \beta_i}\ \mathcal{L}(\mathbf{w},\ b;\ \alpha_i,\ \beta_i) \quad \text{式 (15-36)}$$

$$\text{s.t. } \alpha_i \geqslant 0,\ \beta_i \geqslant 0,\ \forall i \quad \text{式 (15-37)}$$

该问题的 KKT 条件为：

$$\frac{\partial}{\partial \mathbf{w}}\mathcal{L}(\mathbf{w},\ b;\ \alpha_i,\ \beta_i) = 0 \quad \text{式 (15-38)}$$

$$\frac{\partial}{\partial b}\mathcal{L}(\mathbf{w},\ b;\ \alpha_i,\ \beta_i) = 0 \quad \text{式 (15-39)}$$

$$\frac{\partial}{\partial \xi_i}\mathcal{L}(\mathbf{w},\ b;\ \alpha_i,\ \beta_i) = 0,\ \forall i \quad \text{式 (15-40)}$$

$$\alpha_i[y_i(\mathbf{w}^{\mathrm{T}}\mathbf{z}_i + b) - 1 + \xi_i] = 0,\ \forall i \quad \text{式 (15-41)}$$

$$1 - \xi_i - y_i(\mathbf{w}^{\mathrm{T}}\mathbf{z}_i + b) \leqslant 0,\ \forall i \quad \text{式 (15-42)}$$

$$\beta_i\xi_i = 0,\ \forall i \quad \text{式 (15-43)}$$

$$\xi_i \geqslant 0, \quad \forall i \qquad 式 (15\text{-}44)$$

$$\alpha_i \geqslant 0, \quad \forall i \qquad 式 (15\text{-}45)$$

$$\beta_i \geqslant 0, \quad \forall i \qquad 式 (15\text{-}46)$$

通过化简，可以将式 (15-38) ~ 式 (15-46) 系列等式和不等式转换为：

$$\mathbf{w} = \sum_{i=0}^{N-1} \alpha_i y_i \mathbf{z}_i \qquad 式 (15\text{-}47)$$

$$\sum_{i=0}^{N-1} \alpha_i y_i = 0 \qquad 式 (15\text{-}48)$$

$$C - \alpha_i - \beta_i = 0, \quad \forall i \qquad 式 (15\text{-}49)$$

$$\alpha_i [y_i(\mathbf{w}^{\mathrm{T}}\mathbf{z}_i + b) - 1 + \xi_i] = 0, \quad \forall i \qquad 式 (15\text{-}50)$$

$$1 - \xi_i - y_i(\mathbf{w}^{\mathrm{T}}\mathbf{z}_i + b) \leqslant 0, \quad \forall i \qquad 式 (15\text{-}51)$$

$$\beta_i \xi_i = 0, \quad \forall i \qquad 式 (15\text{-}52)$$

$$\xi_i \geqslant 0, \quad \forall i \qquad 式 (15\text{-}53)$$

$$\alpha_i \geqslant 0, \quad \forall i \qquad 式 (15\text{-}54)$$

$$\beta_i \geqslant 0, \quad \forall i \qquad 式 (15\text{-}55)$$

根据稳健 SVM 的 KKT 条件，可以得到如下结论。

- 权系数向量 $\mathbf{w}$ 的计算方式不变。
- 根据式 (15-50)，对于所有满足 $1 - \xi_i - y_i(\mathbf{w}^{\mathrm{T}}\mathbf{z}_i + b) < 0$ 的点，α_i 必须等于零，对应样本点的约束不参与优化问题的求解。同时，当 $\alpha_i = 0$ 时，根据式 (15-49)，$\beta_i = C > 0$ 和式 (15-52)，对应的 ξ_i 必须也等于零。
- 对于所有满足 $1 - \xi_i - y_i(\mathbf{w}^{\mathrm{T}}\mathbf{z}_i + b) = 0$ 的点，α_i 不为零，对应的向量称之为支持向量；需要注意的是，这时支持向量可以存在多个超平面内，可以分几种情况讨论。

由条件式 (15-49)、式 (15-54) 和式 (15-55) 可以判定 $0 \leqslant \alpha_i \leqslant C$。$\alpha_i = 0$ 已经讨论过。当 $0 < \alpha_i < C$ 时，根据式 (15-49)，$\beta_i > 0$ 和式 (15-52)，有 $\xi_i = 0$。由此可见，这些点落在两个平面 $\mathbf{w}^{\mathrm{T}}\mathbf{z}_i + b = \pm 1$ 上，是传统意义上的支持向量。当 $\alpha_i = C$ 时，分以下 3 种情况。

- 当 $\alpha_i = C$，$\xi_i \in (0, 1)$ 时，这类点落在超平面 $\mathbf{w}^{\mathrm{T}}\mathbf{z}_i + b = 0$ 和超平面 $\mathbf{w}^{\mathrm{T}}\mathbf{z}_i + b = \pm 1$ 之间；从分类的角度来讲，这些点在训练集中仍然可以正确分类，只是其置信度较低。
- 当 $\alpha_i = C$，$\xi_i = 1$ 时，这类点落在超平面 $\mathbf{w}^{\mathrm{T}}\mathbf{z}_i + b = 0$，这类点在训练集中无法

正确分类。

- 当 $\alpha_i = C$，$\xi_i > 1$ 时，会出现 $y_i(\mathbf{w}^{\mathrm{T}}\mathbf{z}_i + b) < 0$ 的情况，这类点在训练集中也无法正确分类。

所有的 $\alpha_i > 0$ 的点参与了最优权系数向量 $\mathbf{w}$ 的估计，都是 SVM 中的支持向量。

同理，利用 KKT 条件，可以将稳健 SVM 给出问题对应的公式的对偶问题表述如下：

$$\max_{\alpha_i,\ \beta_i} \quad -\frac{1}{2}\sum_{i=0}^{N-1}\sum_{j=0}^{N-1}\alpha_i\alpha_j y_i y_j \mathbf{z}_i^{\mathrm{T}}\mathbf{z}_j + \sum_{i=0}^{N-1}\alpha_i \qquad \text{式 (15-56)}$$

$$\text{s.t.} \quad \sum_{i=0}^{N-1}\alpha_i y_i = 0 \qquad \text{式 (15-57)}$$

$$C - \alpha_i - \beta_i = 0,\quad \forall i \qquad \text{式 (15-58)}$$

$$\alpha_i \geqslant 0,\ \beta_i \geqslant 0,\ \forall i \qquad \text{式 (15-59)}$$

优化问题中目标函数与 β_i 无关，可将约束等式 $C - \alpha_i - \beta_i = 0$ 和 $\beta_i \geqslant 0$ 融合，得到 $\alpha_i \leqslant C$。最终将稳健 SVM 中的优化问题描述为：

$$\max_{\alpha_i} -\frac{1}{2}\sum_{i=0}^{N-1}\sum_{j=0}^{N-1}\alpha_i\alpha_j y_i y_j \mathbf{z}_i^{\mathrm{T}}\mathbf{z}_j + \sum_{i=0}^{N-1}\alpha_i$$

$$\text{s.t.} \quad \sum_{i=0}^{N-1}\alpha_i y_i = 0$$

$$0 \leqslant \alpha_i \leqslant C,\ \forall i \qquad \text{式 (15-60)}$$

不难发现，与 SVM 优化问题相比，稳健的 SVM 优化问题只是在系数 α_i 加了一个上限的约束。

15.3 Relu 函数与 SVM

Relu 函数是神经网络中常用的非线性激活单元，其表述如下：

$$\mathrm{Relu}(x) = x,\quad \forall x \geqslant 0$$

$$\mathrm{Relu}(x) = 0,\quad \forall x < 0 \qquad \text{式 (15-61)}$$

利用 Relu 函数，稳健 SVM 的优化问题还可以写成：

$$\min_{\mathbf{w},\ b} \quad \sum_{i=0}^{N-1}\mathrm{Relu}[1 - y_i(\mathbf{w}^{\mathrm{T}}\mathbf{z}_i + b)] + \lambda\|\mathbf{w}\|^2 \qquad \text{式 (15-62)}$$

其中，$\lambda \geqslant 0$ 是惩罚因子。

方便起见，定义：

$$\xi_i \triangleq \mathrm{Relu}[1 - y_i(\mathbf{w}^{\mathrm{T}}\mathbf{z}_i + b)] \qquad 式 (15\text{-}63)$$

根据定义，始终有 $\xi_i \geqslant 0$。这样的定义等价于：

- 当 $1 - y_i(\mathbf{w}^{\mathrm{T}}\mathbf{z}_i + b) > 0$ 时，$y_i(\mathbf{w}^{\mathrm{T}}\mathbf{z}_i + b) = 1 - \xi_i$。
- 当 $1 - y_i(\mathbf{w}^{\mathrm{T}}\mathbf{z}_i + b) \leqslant 0$ 时，$\xi_i = 0$。

定义集合 $\mathbb{I}_{\mathrm{S}} = \{i，1 - y_i(\mathbf{w}^{\mathrm{T}}\mathbf{z}_i + b) > 0\}$。因此，从优化的角度，式 (15-62) 中的优化问题等价于：

$$\min_{\mathbf{w},\ b} \sum_{i \in \mathbb{I}_{\mathrm{S}}} \mathrm{Relu}[1 - y_i(\mathbf{w}^{\mathrm{T}}\mathbf{z}_i + b)] + \lambda\|\mathbf{w}\|^2 \qquad 式 (15\text{-}64)$$

即，

$$\min_{\mathbf{w},\ b} \frac{2}{\lambda} \sum_{i \in \mathbb{I}_{\mathrm{S}}} \xi_i + \|\mathbf{w}\|^2 \qquad 式 (15\text{-}65)$$

$$\text{s.t.}\ \ y_i(\mathbf{w}^{\mathrm{T}}\mathbf{z}_i + b) = 1 - \xi_i，\ \forall i \in \mathbb{I}_{\mathrm{S}} \qquad 式 (15\text{-}66)$$

需要注意的是，$\mathbb{I}_{\mathrm{S}}$ 是已知的支持向量的集合。因此，如果知道支持向量的集合 $\mathbb{I}_{\mathrm{S}}$，原问题可以写为如下公式。

$$\min_{\mathbf{w},\ b} \frac{1}{2}\|\mathbf{w}\|^2 + C \sum_{i \in \mathbb{I}_{\mathrm{S}}}^{N-1} \xi_i \qquad 式 (15\text{-}67)$$

$$\text{s.t.}\ \ y_i(\mathbf{w}^{\mathrm{T}}\mathbf{z}_i + b) = 1 - \xi_i，\ \forall i \in \mathbb{I}_{\mathrm{S}} \qquad 式 (15\text{-}68)$$

对比两个优化问题，只须选取 $\lambda = C/2$ 即可证明两个问题的等价性。

15.4 核函数 SVM

前述讨论的问题都假定数据/特征是线性可分的，我们可以通过判定 $\mathbf{w}^{\mathrm{T}}\mathbf{z} + b$ 的符号来确定特征属于哪个类。然而对于有些数据集，数据集中两个类别之间线性不可分，不存在一个有效的超平面 $\mathbf{w}^{\mathrm{T}}\mathbf{z} + b = 0$，使数据集中的两个类别的样本分别处于平面的两个面。这种条件下要是采用 SVM 决策函数，我们需要利用非线性映射首先将数据映射到高维空间。

方便起见，我们将原始线性不可分的数据集定义为 $\{(\mathbf{x}_i，y_i)\}$，将线性变换后的数据集定义为 $\{(\mathbf{z}_i，y_i)\}$。给定一系列非线性变换函数 $\phi_m(\mathbf{x}_i)$，$\forall m = 0，1，2，\cdots，M-1$，函数 $\phi_m(\mathbf{x})$ 的功能是将一个向量按一定的运算变换成一个值。新的特征通常可以表示如下：

$$z_i = \begin{bmatrix} \phi_0(\mathbf{x}_i) & \phi_1(\mathbf{x}_i) & \cdots & \phi_{M-1}(\mathbf{x}_i) \end{bmatrix}^{\mathrm{T}} \qquad 式 (15\text{-}69)$$

如果非线性变换选择合适，那么我们可以将一个线性不可分的数据集转化成一个线性可分的数据集。如何设计这样的非线性变换通常由专业领域的专家来设计。

对于有些非线性，会导致 $\mathbf{z}$ 的维度 M 非常大，从而使 $\mathbf{z}_i^{\mathrm{T}}\mathbf{z}_j$ 的运算量较大。针对这类问题，基于核函数的 SVM 提供了一个解决思路。

回顾 SVM 的优化问题式 (15-61)、最优 $\mathbf{w}$ 的表达式 (15-47) 以及决策函数的表达式 (15-1)，不难发现，优化问题和决策函数都是特征内积（即 $\mathbf{z}_i^{\mathrm{T}}\mathbf{z}_j$）和拉格朗日乘子 α_i's 的函数。方便起见，我们定义 $\mathbf{z}_i'$s 之间的内积如下：

$$K_{i,j} = \mathbf{z}_i^{\mathrm{T}}\mathbf{z}_j \qquad \text{式 (15-70)}$$

$$= \sum_{m=0}^{M-1} \phi_m(\mathbf{x}_i)\phi_m(\mathbf{x}_j) \qquad \text{式 (15-71)}$$

该内积就是所谓的核函数。

核函数定义之下可将原优化问题和决策函数表示如下：

$$\begin{aligned}\max_{\alpha_i} \quad & -\frac{1}{2}\sum_{i=0}^{N-1}\sum_{j=0}^{N-1}\alpha_i\alpha_j y_i y_j K_{i,j} + \sum_{i=0}^{N-1}\alpha_i \\ \text{s.t.} \quad & \sum_{i=0}^{N-1}\alpha_i y_i = 0 \\ & 0 \leqslant \alpha_i \leqslant C,\ \forall i\end{aligned} \qquad \text{式 (15-72)}$$

$$\hat{y}(\mathbf{z}_i) = \sum_{j=0}^{N-1}\alpha_j y_j K_{j,i} + b \qquad \text{式 (15-73)}$$

如果第 i^* 个样本是支持向量，则 b 可以表示为：$b = y_{i^*} - \sum_{j=0}^{N-1}\alpha_j y_j K_{j,\ i^*}$。由此可见，$b$ 也是样本内积之间的函数。

核函数 SVM 是 SVM 的通用表达形式。对于线性可分的数据集，选取特征之间的内积作为核函数。当数据集线性不可分时，可以构造一组非线性映射函数 $\phi_m(\cdot)$，使数据集线性可分。如果找不到合适的非线性映射函数，则可以尝试一些已知的核函数，直接计算样本之间的 $K_{i,j}$，然后用核函数构造的决策函数完成分类。

如果跳过非线性映射，直接构造核函数，则核函数必须满足一定的性质。这里给出两个核函数的例子：一是多项式核函数 $K_{i,j} = (\mathbf{z}_i^{\mathrm{T}}\mathbf{z}_j + 1)^Q$，其中，$Q$ 是一个正整数；二是高斯核函数 $\mathrm{e}^{-\frac{1}{2\sigma^2}\|\mathbf{z}_i-\mathbf{z}_j\|^2}$，其中，$\sigma^2 > 0$ 是核函数的参数。

15.5 SVM 问题的求解

SMO 是求解 SVM 的经典算法，其基本思路是交替求解式 (15-74)，每次只更新两个系数。假定已有的系数是 $\{\alpha_i'\}$，待更新的系数为 α_p 和 α_q，则关于 α_p 和 α_q 的优化问题可以描述为：

$$
\begin{aligned}
\min_{\alpha_p,\ \alpha_q}\ & \frac{1}{2}K_{p,p}\alpha_p^2+\frac{1}{2}K_{q,q}\alpha_q^2+y_py_qK_{p,q}\alpha_p\alpha_q-(\alpha_p+\alpha_q)+\\
& y_p\alpha_p\sum_{i,i\neq p,q}y_i\alpha_i'K_{i,p}+y_q\alpha_q\sum_{i,i\neq p,q}y_i\alpha_i'K_{i,q}\\
\text{s.t.}\ & \alpha_py_p+\alpha_qy_q=-\sum_{i,i\neq p,\ q}\alpha_i'y_i=\alpha_p'y_p+\alpha_q'y_q\\
& 0\leqslant\alpha_p\leqslant C,\ 0\leqslant\alpha_q\leqslant C
\end{aligned}
\qquad \text{式 (15-74)}
$$

根据式 (15-74) 中的等式约束，结合 $|y_py_q|=1$，可得：$\alpha_q=\alpha_q'+\alpha_p'y_py_q-\alpha_py_py_q$。也就是说，

$$
0\leqslant\alpha_q'+\alpha_p'y_py_q-\alpha_py_py_q\leqslant C \qquad \text{式 (15-75)}
$$

即，

$$
\begin{cases}
0\leqslant\alpha_q'+\alpha_p'-\alpha_p\leqslant C, & y_py_q=1\\
0\leqslant\alpha_q'-\alpha_p'+\alpha_p\leqslant C, & y_py_q=-1
\end{cases}
\qquad \text{式 (15-76)}
$$

考虑到 $0\leqslant\alpha_q\leqslant C$，最终可将 α_q 的约束表示如下：

$$
L_q\leqslant\alpha_q\leqslant H_q \qquad \text{式 (15-77)}
$$

其中，上下限 L_q 和 H_q 分别定义如下。

$$
L_q\triangleq\begin{cases}
\max(0,\ \alpha_q'+\alpha_p'-C), & y_py_q=1\\
\max(0,\ \alpha_q'-\alpha_p'), & y_py_q=-1
\end{cases}
\qquad \text{式 (15-78)}
$$

$$
H_q\triangleq\begin{cases}
\min(0,\ \alpha_q'+\alpha_p'), & y_py_q=1\\
\min(0,\ \alpha_q'-\alpha_p'+C), & y_py_q=-1
\end{cases}
\qquad \text{式 (15-79)}
$$

定义修正函数 $\mathcal{S}_{L,\ H}(x)$：

$$
\mathcal{S}_{L,\ H}(x)\triangleq\begin{cases}
H, & x>H\\
x, & L<x\leqslant H\\
L, & x\leqslant L
\end{cases}
\qquad \text{式 (15-80)}
$$

最后，根据式 (15-77) 的条件优化式 (15-74)，可得：

$$
\alpha_q=\mathcal{S}_{L_q,\ H_q}\left[\alpha_q'+\frac{y_q}{\zeta_{p,q}}(E_p-E_q)\right] \qquad \text{式 (15-81)}
$$

其中，

$$E_i \triangleq \hat{y}(\mathbf{z}_i) - y_i \qquad \text{式 (15-82)}$$

$$\zeta_{p,q} \triangleq K_{p,p} + K_{q,q} - 2K_{p,q} = \|\mathbf{z}_p - \mathbf{z}_q\|^2 \qquad \text{式 (15-83)}$$

求出 α_q 之后，可根据 $\alpha_p = \alpha'_p + \alpha'_q y_p y_q - \alpha_q y_p y_q$ 计算 α_p。

SMO 算法是一种对未知参数依次更新的迭代算法，每次迭代更新两个参数，如何选取所需要更新的参数对算法的收敛快慢影响较大。假设待更新的参数为 α_p 和 α_q，确定 p 和 q 的值一般根据以下条件：

$$\begin{cases} \text{当 } \alpha_i = 0 \text{ 时，} & \text{本应满足条件 } y_i\hat{y}(\mathbf{z}_i) \geqslant 1 \\ \text{当 } 0 < \alpha_i < C \text{ 时，} & \text{本应满足条件 } y_i\hat{y}(\mathbf{z}_i) = 1 \\ \text{当 } \alpha_i = C \text{ 时，} & \text{本应满足条件 } y_i\hat{y}(\mathbf{z}_i) \leqslant 1 \end{cases} \qquad \text{式 (15-84)}$$

首先，检测间隔超平面（$\mathbf{w}^{\mathrm{T}}\mathbf{z}_i + b = y_i$）上的点，即 $0 < \alpha_i < C$，检验出最不满足上述条件的点；如果不存在，则遍历整个数据集，最后得到待更新的第一个参数 α_p。

对于 α_q，它的选取应使 $|E_p - E_q|$ 最大的点。显然，当 $E_p \geqslant 0$ 时，应该选取最小的 E_q；而当 $E_p \leqslant 0$ 时，应该选取最大的 E_q。

15.6 问题

1. 总结稳健 SVM 的参数估计流程。
2. 结合自身专业，结合 SVM 在本领域应用的一个实例。

第 16 章　声纹特征提取与说话人识别

本书前 15 章讲解了模型以及模型的学习方法，本章以声纹和声纹识别为例，讨论模型学习方法的应用，具体包括如下内容。

- 声纹识别的基本框架与声纹识别的三类典型应用：说话人认证、说话人辨识，以及说话人日志。
- 声纹识别的挑战。
- 说话人特征提取方法。

16.1　声纹识别的基本框架

声纹识别通常包含 3 个重要的环节：模型的构建与训练、说话人注册、说话人辨识。

1. 模型构建与训练

模型构建与训练主要用于从标注的数据集中，训练出能够表征说话人特征的模型，一旦模型训练完成之后，给定一段语音信号，模型能够输出这段语音信号所对应的说话人。

2. 说话人注册

基于训练好的模型，对于每个需要辨识的说话人，我们都可以利用一个声纹的特征对他进行表征。在实际中，通常是收集一段该说话人的语音来提取声纹特征，将语音丢进训练好的模型，即可得到一个声纹特征，从而完成注册。

3. 说话人辨识

如果把声纹识别当作一台能够识别主人的机器，构建模型与训练可以看作如果打造一台机器，说话人注册可以看作教会机器记住需要认识的人。当机器走出生产线后，有人对它说话时，它能够知道是不是自己认识的人，如果是，则能知道这个人是谁。

16.1.1　模型构建的基本思路

在声纹提取的时候，输入的语音信号的长度通常都是不确定和变化着的。但进行辨识所需的特征通常都需要固定长度，因此，声纹提取的模型首先要能够实现将不定长输入信号变成定长的输出特征。

声纹特征的提取通常包含两个环节：基于传统方法的信号处理特征提取和基于神经网络的特征提取。前者（例如，MFCC、时频谱等）通常都是先将信号进行分帧处理，在每一帧提取出一个特征向量。

每帧的人工特征记作为：

$$\mathbf{x}_{i;\,t},\ i=0,\ 1,\ 2,\ \cdots,\ N_{\mathcal{M}}-1,\ t=0,\ 1,\ 2,\ \cdots,\ T_i-1 \qquad \text{式 (16-1)}$$

其中，下标 i 是说话人的索引，下标 t 是帧序列的索引，$N_{\mathcal{M}}$ 为用于模型学习的数据集中训练样本/多少段语音信号[①]的个数，T_i 表示第 i 条数据的总帧数。

将特征送入模型，则可以按模型规定的运算得到一条长度固定的声纹特征。模型输出的特征记作：

$$\mathbf{z}_i,\ \ \forall i=0,\ 1,\ 2,\ \cdots,\ N_{\mathcal{M}}-1 \qquad \text{式 (16-2)}$$

对于一个好的模型，通过衡量特征 $\mathbf{z}_i$ 和 $\mathbf{z}_j$ 之间的相似度，即可判定特征是否来自同一个说话人。这是模型构建和训练阶段的目标。

如果将模型抽象为一个函数 $f_{\mathcal{M}}(\cdot)$，我们的任务就是要构建和学习这个函数 $f_{\mathcal{M}}(\cdot)$，使得：

$$\mathbf{z}_i=f_{\mathcal{M}}(\mathbf{x}_{i;\,0},\ \mathbf{x}_{i,\,1},\ \cdots,\ \mathbf{x}_{i,\,T_i-1}),\ \ \forall i \qquad \text{式 (16-3)}$$

特征 $\mathbf{z}_i$ 要满足：对于同一个说话人，不同语音片段得到的特征相似度高；对于不同的说话人，特征的相似度低。

16.1.2　说话人注册的基本过程

当完成模型构建与训练之后，即可进行说话人注册。在说话人注册阶段，每个说话人通常只有一条或少数几条语音，每条语音信号会得到一个声纹特征。如果总共完成了 N 个人的注册，会得到一个新的数据集：

$$\{\mathbf{x}_{n,\,0},\ \mathbf{x}_{n,\,1},\ \cdots,\ \mathbf{x}_{n,\,T_n-1};\ \mathbf{z}_n,\ n=0,\ 1,\ 2,\ \cdots,\ N-1\} \qquad \text{式 (16-4)}$$

其中，T_n 表示第 n 个注册人的语音帧数。

$$\mathbf{z}_n=f_{\mathcal{M}}(\mathbf{x}_{n;\,0},\ \mathbf{x}_{n,\,1},\ \cdots,\ \mathbf{x}_{n,\,T_n-1}),\ n=0,\ 1,\ 2,\ \cdots,\ N-1 \qquad \text{式 (16-5)}$$

① 用于训练模型的集合中，每一个人通常都需要多条语音信号，且人与人之间的条数要基本持平。$N_{\mathcal{M}}$ 并不代表数据集中有多少个说话人。

式 (16-5) 即为第 n 个注册者的声纹。我们用下标 n 和 i 来区分模型训练和说话人注册所对应的样本集合。当完成说话人注册后，我们通常只须存储 $\mathbf{z}_n$。因此，完成说话人注册会得到一个集合 $\{\mathbf{z}_n, n=0, 1, 2, \cdots, N-1\}$。

16.1.3 说话人辨识的基本过程

当给定一个说话人的语音信号时，会得到一个特征的序列 $\{\mathbf{x}'_0, \mathbf{x}'_1, \cdots, \mathbf{x}_{T'-1}\}$，将该序列送入模型，可以得到一个声纹特征 $\mathbf{z}'$。通过对比 $\mathbf{z}'$ 与注册集中模型特征 $\mathbf{z}_n$ 的相似度，即可判定和辨识说话人是否来自这个集合。一种常用的相似度是余弦夹角，其定义如下：

$$\gamma_n = \frac{\mathbf{z}_n^{\mathrm{T}}\mathbf{z}'}{\|\mathbf{z}_n\| \cdot \|\mathbf{z}'\|} \qquad 式 (16\text{-}6)$$

根据 γ_ns 的值，可以计算出它的最大值：

$$n^* = \arg\max_n \gamma_n \qquad 式 (16\text{-}7)$$

$$\gamma'_{\max} = \max_n \gamma_n \qquad 式 (16\text{-}8)$$

如果 $\gamma'_{\max}$ 大于某个设定的门限值，则认为该说话人是我们注册集中的说话人，同时输出 n^* 作为注册集中说话人的索引；否则，则判定该说话人并未注册。

说话人辨识按照应用背景的不同，有 3 个非常典型的应用：说话人认证、说话人判定与说话人日志。

1. 说话人认证

说话人认证的应用范例是利用声纹实现用户登录，它是一个二分类问题，注册阶段需要录制一段用户的语音信号，得到对应的用户声纹。应用中当用户需要登录时，系统收集该用户一段语音信号，提取声纹特征，进行相似度计算，相似度大于某个阈值时，允许用户登录。

2. 说话人判定

说话人判定的一个应用范例是利用声纹实现语音门禁的解锁，这类应用通常都有多个注册人，这类问题可以理解成“判定有无”结合“多分类问题”。

3. 说话人日志

说话人日志应用范例是会议纪要的整理。在多个人会议场景，各个说话的语音混杂在一起，如果能对每一段语音标记出说话人，在会议纪要整理的时候，就能生成对话记录。

声纹作为人体生物特征的一种，在公共安全、刑事侦查、司法举证、互联网金融等领域均有较多的应用前景，这里不做过多的讨论。

16.2 声纹提取模型的构建与训练

声纹特征的提取是实现声纹识别的基础。针对训练数据集 $\{(\mathbf{x}_{i,t}, y_i), \forall i = 0, 1, 2, \cdots, N_M - 1, t = 0, 1, 2, \cdots, T_i\}$，其中，$N_M$ 是数据的条数，T_i 是第 i 条数据帧数，y_i 是第 i 条数据对应的标签。

声纹提取模型面对的第一个问题是，如何把一个长度不定的语音片段变化为一个长度一定的特征。其中一种做法是利用第 12 章所介绍的 GMM 模型从训练集中学习一个通用的背景模型；第二种是深度学习方法。基于深度学习的声纹特征提取模型有很多，这里简要介绍两个典型的模型架构：帧级别特征提取和片段级别特征提取。

16.2.1 帧级别特征提取

帧级别的特征提取方法不考虑给定语音片段中的不同帧之间的长时相关性，只通过输入相邻的几帧信号特征来捕获说话人的声纹。这种方法建立的是相邻几帧特征到所需声纹的映射关系。对于每一条数据 $\{\mathbf{x}_{i,t}, \forall t = 0, 1, 2, \cdots, T_i - 1\}$，如果考虑前后相邻 K 帧的数据作为输入，则数据集中每个样本对变成 $(\mathbf{x}_{i,t-K}, \cdots, \mathbf{x}_{i,t}, \cdots, \mathbf{x}_{i,t+K}; y_i)$，样本对中的 y_i 表征的是说话人的索引。基于这个大的数据集，我们可以构造一个神经网络，实现：

$$\hat{y}_{i,t} = g_{\mathcal{F}}(\mathbf{x}_{i,t-K}, \cdots, \mathbf{x}_{i,t}, \cdots, \mathbf{x}_{i,t+K}) \quad \text{式 (16-9)}$$

神经网络 $g_{\mathcal{F}}(\cdot)$ 的最后一层为 Softmax 层。给定样本集，构造一个合适的网络结构，即可完成对 $g_{\mathcal{F}}(\cdot)$ 参数的训练。

细心的读者会发现，完成神经网络 $g_{\mathcal{F}}(\cdot)$ 并未得到声纹特征。因为声纹特征是从一段变长的数据里面提取出的一个定长的向量。

在声纹辨识方法中，声纹特征通常都是从神经网络 $g_{\mathcal{F}}(\cdot)$ 中 Softmax 的前一层得到。方便起见，将 Softmax 的输入定义如下：

$$\underline{\mathbf{z}}_{i,t} = \ddot{g}_{\mathcal{F}}(\mathbf{x}_{i,t-K}, \cdots, \mathbf{x}_{i,t}, \cdots, \mathbf{x}_{i,t+K}) \quad \text{式 (16-10)}$$

给定一条语音数据，$\{\mathbf{x}_{i,t}, \forall t = 0, 1, 2, \cdots, T_i - 1\}$，可以得到多条神经网络的输出，将这些输出进行加权平均，即可得到该条语音数据对应的声纹特征，具体如下：

$$\mathbf{z}_i = \frac{1}{T_i'} \sum_{t=0}^{T_i'-1} \underline{\mathbf{z}}_{i,t} \quad \text{式 (16-11)}$$

这一过程可以看作特征融合。特征融合之后，对于任意长度的输入语音信号，都可以得到一条定长的特征向量。

需要注意的是，对于帧级别的声纹识别，特征融合只须在说话人注册和说话人辨识阶段进行，在模型的构建和训练阶段通常并不需要特征融合。

16.2.2 片段级别特征提取

应对变长输入信号的一种方法是前面介绍的帧级别特征提取，分成等长的输入，利用融合方法得到固定长度的向量；另一种方法是采用卷积神经网络，得到深度特征序列，然后再将序列融合得到固定长度的向量，这就是片段级特征提取，片段级别特征提取示意如图 16-1 所示。

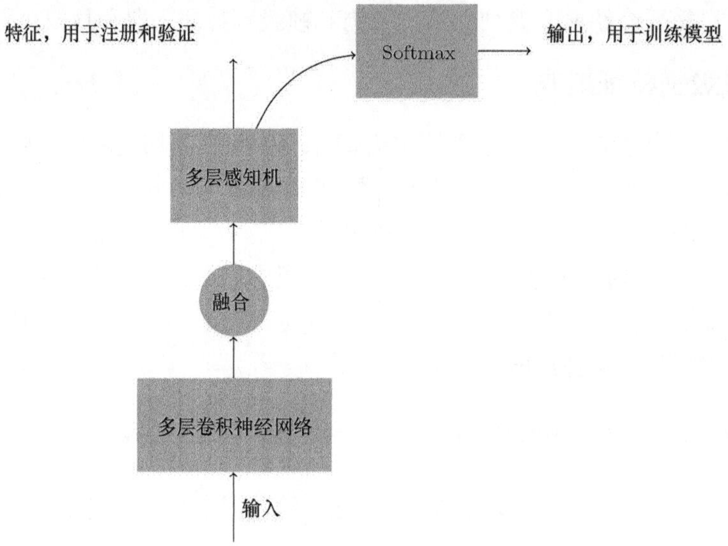

图 16-1　片段级别特征提取示意

在卷积神经网络中，每层卷积核的个数对应该层输出信号的通道数；层数越高，建模能力越强。通过构建较深的卷积神经网络，深层神经元能够捕捉到序列的长时信息，从而实现对声纹信息的更好的建模，更好的声纹表示。

通过系列卷积核，可以将原始人工特征序列 $\{\mathbf{x}_{i,t}, \forall t=0, 1, 2, \cdots, T_i-1\}$ 变换为长度一致的向量序列 $\{\underline{\mathbf{s}}_{i,t}, \forall t=0, 1, 2, \cdots, T_i'-1\}$。方便起见，将向量 $\underline{\mathbf{s}}_{i,t}$ 的长度定义为 L_c，根据卷积网络的结构可知，L_c 为最后一层卷积网络中卷积核的个数。通过将序列 $\{\underline{\mathbf{s}}_{i,t}, \forall t\}$ 进行融合，即可得到一个新的向量 $\mathbf{s}_i$。需要注意的是，$\mathbf{s}_i$ 的长度取决于融合方法，不一定等于 $\underline{\mathbf{s}}_{i,t}$。一种简单的融合方法是基于统计信息，例如，计算均值和方差作为特征，即：

$$\mathbf{s}_i = [\boldsymbol{\mu}_i^{\mathrm{T}} \ \boldsymbol{\sigma}_i^{\mathrm{T}}]^{\mathrm{T}} \qquad \text{式 (16-12)}$$

$$\boldsymbol{\mu}_i = \sum_{t=0}^{T_i'-1} \alpha_{i,t} \underline{\mathbf{s}}_{i,t} \qquad \text{式 (16-13)}$$

$$\boldsymbol{\sigma}_i = \sqrt{\sum_{t=0}^{T_i'-1} \alpha_{i,\ t}(\underline{\mathbf{s}}_{i,\ t} - \boldsymbol{\mu}_i)(\underline{\mathbf{s}}_{i,\ t} - \boldsymbol{\mu}_i)^{\mathrm{T}}} \qquad 式\ (16\text{-}14)$$

其中，系数 $\alpha_{i,\ t} \geqslant 0$ 且满足 $\sum_{t=0}^{T_i'-1} \alpha_{i,\ t} = 1$。$\alpha_{i,\ t}$ 可利用自注意力神经网络结合 Softmax 神经网络估计：

$$\underline{\alpha}_{i,\ t} = f_{\mathrm{ATT}}(\underline{\mathbf{s}}_{i,\ t}) \qquad 式\ (16\text{-}15)$$

$$= \mathbf{v}^{\mathrm{T}}\tanh(\mathbf{W}\underline{\mathbf{s}}_{i,\ t} + \mathbf{c}) + b \qquad 式\ (16\text{-}16)$$

$$\alpha_{i,\ t} = \frac{\mathrm{e}^{\underline{\alpha}_{i,\ t}}}{\sum_{t'=0}^{K_i} \mathrm{e}^{\underline{\alpha}_{i,\ t'}}} \qquad 式\ (16\text{-}17)$$

其中，$\mathbf{v}$，$\mathbf{W}$，b，以及 $\mathbf{c}$ 都是网络自动学习的参数。自注意力网络属于单一抽头的网络，如果采用多抽头的网络结构，那么可以得到一个更大的特征向量，即：

$$\mathbf{s}_i = \left[\boldsymbol{\mu}_i^{(0)T}\ \ \boldsymbol{\sigma}_i^{(0)T}\ \ \boldsymbol{\mu}_i^{(1)T}\ \ \boldsymbol{\sigma}_i^{(1)T}\ \ \cdots\ \ \boldsymbol{\mu}_i^{(Q-1)T}\ \ \boldsymbol{\sigma}_i^{(Q-1)T}\right]^{\mathrm{T}} \qquad 式\ (16\text{-}18)$$

其中，$\boldsymbol{\mu}_i^{(q)T}$ 和 $\boldsymbol{\sigma}_i^{(q)T}$ 利用不同的权系数 $\alpha_{i,\ t}^{(q)}$ 估计而得，权系数则由相应的自注意力网络 $f_{\mathrm{ATT}}^{(q)}(\underline{\mathbf{s}}_{i,\ t})$ 根据卷积网络输出特征 $\underline{\mathbf{s}}_{i,\ t}$ 估计。

最后，将 $\mathbf{s}_i$ 再通过一个后特征提取网络，得到声纹的模型。方便起见，将整个模型记作 $g_{\mathrm{S}}(\cdot)$，对于片段级别的神经网络可以整体描述如下：

$$\hat{y}_i = g_S(\mathbf{x}_{i,\ 0},\ \mathbf{x}_{i,\ 1},\ \cdots,\ \mathbf{x}_{i,\ T_i-1}) \qquad 式\ (16\text{-}19)$$

这种模型得到的声纹特征可以进一步表示为：

$$\mathbf{z}_i = \ddot{g}_S(\mathbf{x}_{i,\ 0},\ \mathbf{x}_{i,\ 1},\ \cdots,\ \mathbf{x}_{i,\ T_i-1}) \qquad 式\ (16\text{-}20)$$

需要说明的是，函数 $\ddot{g}_S$ 表示取出网络 g_S 倒数第二层的输出，即最后 Softmax 层的输入。

相对而言，片段级别声纹特征提取方法更容易捕捉语音信号的长时信息，通常能够获得较好的性能。相应网络结构通常有 3 个部分构成：卷积神经网络、自注意力神经网络以及用于后特征提取的全连接神经网络。

16.3 问题

1. 给出帧级别特征提取模型的模型训练方法和流程图。
2. 给出片段级别特征提取模型主要构成成分和特征提取流程。
3. 结合自身专业，完成一个信号处理和智能分析相关任务。例如，将声纹特征提取和说话人识别方法应用到专业领域中的信号检测任务。

附录 A

A.1 傅里叶变换对

常见函数的傅里叶变换如下。

信号	傅里叶变换（FT）
$\delta(t)$	1
$x(t)=1,\ \forall t$	1
$\dfrac{\partial^n}{\partial t}\delta(t)$	$(\mathrm{j}\Omega)^n$
$\sum_{i=-\infty}^{\infty}\delta(t-iT_\mathrm{s})$	$\dfrac{2\pi}{T_\mathrm{s}}\sum_{k=-\infty}^{\infty}\delta(\Omega-k\dfrac{2\pi}{T_\mathrm{s}})$
$u(t)=\begin{cases}1, & t\geqslant 0\\ 0, & 其他\end{cases}$	$\dfrac{1}{\mathrm{j}\Omega}+\pi\delta(\Omega)$
$\mathrm{e}^{-at}u(t),\ \Re(a)>0$	$\dfrac{1}{\mathrm{j}\Omega+a}$
$\mathrm{e}^{-a\|t\|},\ \Re(a)>0$	$\dfrac{2a}{\Omega^2+a^2}$
$\mathrm{e}^{-at}\cos(\Omega_0 t)u(t),\ \Re(a)>0$	$\dfrac{\mathrm{j}\Omega+a}{(\mathrm{j}\Omega+a)^2+\Omega_0^2}$
$\mathrm{e}^{-at}\sin(\Omega_0 t)u(t),\ \Re(a)>0$	$\dfrac{\Omega_0}{(\mathrm{j}\Omega+a)^2+\Omega_0^2}$
$t\mathrm{e}^{-at}u(t),\ \Re(a)>0$	$\dfrac{1}{(\mathrm{j}\Omega+a)^2}$
$\dfrac{1}{(k-1)!}t^{k-1}\mathrm{e}^{-at}u(t),\ \Re(a)>0$	$\dfrac{1}{(\mathrm{j}\Omega+a)^k}$
$\psi_{T_0}(t)=\begin{cases}1, & \|t\|\leqslant T_0/2\\ 0, & 其他\end{cases}$	$\dfrac{\sin(\Omega T_0/2)}{\Omega/2}=\dfrac{\sin(\Omega T_0/2)}{\Omega T_0/2}T_0$
$\mathrm{sgn}(t)=\begin{cases}1, & t\geqslant 0\\ -1, & 其他\end{cases}$	$\dfrac{2}{\mathrm{j}\Omega}$

A.2 离散时间傅里叶变换对

常见序列的傅里叶变换如下。

序列	离散时间傅里叶变换（DTFT）
$\delta(n)$	1
$u(n)=\begin{cases}1, & n\geqslant 0\\ 0, & 其他\end{cases}$	$\dfrac{1}{1-\mathrm{e}^{-\mathrm{j}\omega}}+\pi\sum_{i=-\infty}^{\infty}\delta(\omega-2\pi i)$
$a^n u(n)$，$\|a\|<1$	$\dfrac{1}{1-a\mathrm{e}^{-\mathrm{j}\omega}}$
$\psi_L(n)=\begin{cases}1, & 0\leqslant n<L\\ 0, & 其他\end{cases}$	$\dfrac{\sin(\omega L/2)}{\sin(\omega/2)}\mathrm{e}^{-\mathrm{j}\omega(L-1)/2}$
$x(n)=1$，$\forall n$	$2\pi\sum_{i=-\infty}^{\infty}\delta(\omega-2\pi i)$
$\mathrm{e}^{\mathrm{j}\omega_0 n}$，$\omega_0\in[-\pi,\pi]$	$2\pi\sum_{i=-\infty}^{\infty}\delta(\omega-\omega_0-2\pi i)$
$\cos(\omega_0 n)$，$\omega_0\in[-\pi,\pi]$	$\pi\sum_{i=-\infty}^{\infty}[\delta(\omega-\omega_0-2\pi i)+\delta(\omega+\omega_0-2\pi i)]$
$\sin(\omega_0 n)$，$\omega_0\in[-\pi,\pi]$	$-\mathrm{j}\pi\sum_{i=-\infty}^{\infty}[\delta(\omega-\omega_0-2\pi i)+\delta(\omega+\omega_0-2\pi i)]$

A.3 拉普拉斯变换对

常见函数的拉普拉斯变换如下。

信号	拉普拉斯变换	收敛域
$\delta(t)$	1	整个复数平面
$u(t)=\begin{cases}1, & t\geqslant 0\\ 0, & 其他\end{cases}$	$\dfrac{1}{\mathcal{S}}$	$\Re(\mathcal{S})>0$
$t^n u(t)$，$n>-1$	$\dfrac{n!}{\mathcal{S}^{n+1}}$	$\Re(\mathcal{S})>0$
$\mathrm{e}^{-at}u(t)$	$\dfrac{1}{\mathcal{S}+a}$	$\Re(\mathcal{S})>-a$
$t^n\mathrm{e}^{-at}u(t)$	$\dfrac{n!}{(\mathcal{S}+a)^n}$	$\Re(\mathcal{S})>-a$
$\mathrm{e}^{-a\|t\|}$	$\dfrac{2a}{a^2-\mathcal{S}^2}$	$\|\Re(\mathcal{S})\|<a$

续表

信号	拉普拉斯变换	收敛域
$\sin(\Omega_0 t)u(t)$	$\dfrac{\Omega_0}{\mathcal{S}^2+\Omega_0^2}$	$\Re(\mathcal{S})>0$
$\cos(\Omega_0 t)u(t)$	$\dfrac{\mathcal{S}}{\mathcal{S}^2+\Omega_0^2}$	$\Re(\mathcal{S})>0$
$\sinh(\Omega_0 t)u(t)$	$\dfrac{a}{\mathcal{S}^2-a^2}$	$\Re(\mathcal{S})>\|a\|$
$\cosh(at)u(t)$	$\dfrac{\mathcal{S}}{\mathcal{S}^2-a^2}$	$\Re(\mathcal{S})>\|a\|$
$\mathrm{e}^{-at}\sin(\Omega_0 t)u(t)$	$\dfrac{\Omega_0}{(\mathcal{S}+a)^2+\Omega_0^2}$	$\Re(\mathcal{S})>-a$
$\mathrm{e}^{-at}\cos(\Omega_0 t)u(t)$	$\dfrac{\mathcal{S}+a}{(\mathcal{S}+a)^2+\Omega_0^2}$	$\Re(\mathcal{S})>-a$

拉普拉斯域描述的系统要稳定，收敛域必须包含 $\Re(\mathcal{S})=0$ 这个轴。由此可见，当 $a>0$ 时，有指数函数构造的几个函数所描述的系统均是稳定的。

A.4 $\mathcal{Z}$ 变换对

常见序列的 $\mathcal{Z}$ 变换如下。

序列	$\mathcal{Z}$ 变换	收敛域
$\delta(n)$	1	整个 $\mathcal{Z}$ 平面
$u(n)=\begin{cases}1, & n\geqslant 0\\ 0, & \text{其他}\end{cases}$	$\dfrac{1}{1-\mathcal{Z}^{-1}}$	$\|\mathcal{Z}\|>1$
$a^n u(n)$	$\dfrac{1}{1-a\mathcal{Z}^{-1}}$	$\|\mathcal{Z}\|>\|a\|$
$-a^n u(-n-1)$	$\dfrac{1}{1-a\mathcal{Z}^{-1}}$	$\|\mathcal{Z}\|<\|a\|$
$\psi_L(n)=\begin{cases}1, & 0\leqslant n<L\\ 0, & \text{其他}\end{cases}$	$\dfrac{1-\mathcal{Z}^{-L}}{1-\mathcal{Z}^{-1}}$	$\|\mathcal{Z}\|>0$
$nu(n)$	$\dfrac{\mathcal{Z}^{-1}}{(1-\mathcal{Z}^{-1})^{-2}}$	$\|\mathcal{Z}\|>1$

续表

序列	$\mathcal{Z}$ 变换	收敛域
$na^n u(n)$	$\dfrac{a\mathcal{Z}^{-1}}{(1-a\mathcal{Z}^{-1})^{-2}}$	$\lvert\mathcal{Z}\rvert > \lvert a\rvert$
$e^{j\omega_0 n}u(n)$	$\dfrac{1}{1-e^{j\omega_0}\mathcal{Z}^{-1}}$	$\lvert\mathcal{Z}\rvert > 1$
$\sin(\omega_0 n)u(n)$	$\dfrac{\mathcal{Z}^{-1}\sin(\omega_0)}{1-2\mathcal{Z}^{-1}\cos(\omega_0)+\mathcal{Z}^{-2}}$	$\lvert\mathcal{Z}\rvert > 1$
$\cos(\omega_0 n)u(n)$	$\dfrac{1-\mathcal{Z}^{-1}\cos(\omega_0)}{1-2\mathcal{Z}^{-1}\cos(\omega_0)+\mathcal{Z}^{-2}}$	$\lvert\mathcal{Z}\rvert > 1$

当收敛域包含单位圆时，这样的序列构成的系统是稳定的系统。从上述序列的 $\mathcal{Z}$ 变换的描述可知，$a^n u(n)$，$na^n u(n)$，$\forall |a| < 1$ 是稳定系统，$\delta(n)$ 是稳定系统，$\psi_L(n)$ 也是稳定系统。

A.5 点到超平面的距离

给定 N 维的向量：$\mathbf{x} \triangleq [x_0\ x_1\ \cdots\ x_{N-1}]^{\mathrm{T}}$，空间上的超平面定义为满足方程 $\mathbf{w}^{\mathrm{T}}\mathbf{x} + b = 0$ 的所有点的集合。其中，$\mathbf{w}$ 是加权系数，b 是常数。本节讨论空间上的任意点到 $\mathbf{x}$、到该超平面的距离。

法向量的证明

给定超平面上的任意两点 $\mathbf{y}$ 和 $\mathbf{z}$，其满足如下条件：

$$\mathbf{w}^{\mathrm{T}}\mathbf{y} + b = 0, \qquad \text{式 (A-1)}$$

$$\mathbf{w}^{\mathrm{T}}\mathbf{z} + b = 0 \qquad \text{式 (A-2)}$$

式 (A-1) 与 (A-2) 相减，可得：

$$\mathbf{w}^{\mathrm{T}}(\mathbf{y} - \mathbf{z}) = 0 \qquad \text{式 (A-3)}$$

也就是说，向量 $\mathbf{w}$ 与超平面上任意两点的连线正交，即向量 $\mathbf{w}$ 与超平面的法向同方向。

点到超平面的距离

假设点 $\mathbf{x}$ 在超平面的投影点为 $\mathbf{y}$。方便起见，我们定义新的向量 $\mathbf{z} \triangleq \mathbf{x} - \mathbf{y}$，从 $\mathbf{y}$ 点到 $\mathbf{x}$ 点的向量。根据定义，$\mathbf{z}$ 与法向量平行。

考虑到向量 $\mathbf{w}$ 与超平面的法向同方向，与 $\mathbf{z}$ 平行，$\mathbf{z}$ 的二范数（点到超平面的距离）可以表示如下。

$$r = \|\frac{\mathbf{w}\mathbf{w}^{\mathrm{T}}}{\|\mathbf{w}\|^2}\mathbf{z}\| \quad \text{式 (A-4)}$$

$$= \frac{|\mathbf{w}^{\mathrm{T}}\mathbf{z}|}{\|\mathbf{w}\|} \quad \text{式 (A-5)}$$

$$= \frac{|\mathbf{w}^{\mathrm{T}}\mathbf{x} - \mathbf{w}^{\mathrm{T}}\mathbf{y}|}{\|\mathbf{w}\|} \quad \text{式 (A-6)}$$

由于 $\mathbf{y}$ 在超平面上，满足 $\mathbf{w}^{\mathrm{T}}\mathbf{y} + b = 0$，因此有如下结论。

$$r = \frac{|\mathbf{w}^{\mathrm{T}}\mathbf{x} + b|}{\|\mathbf{w}\|} \quad \text{式 (A-7)}$$

式 (A-7) 便是点到超平面的距离。

附录 B 符号与运算符说明

B.1 符号说明

- 变量统一都是斜体，例如，x，X，y，Y。
- 向量是小写加粗字体，例如，$\mathbf{x}, \mathbf{y}, \mathbf{z}$。
- 矩阵是大写的加粗字体，例如，$\mathbf{X}, \mathbf{Y}, \mathbf{Z}$。
- 下标常用，$i, j, k, m, n, p, q, \ell$。
- 虚数单位用正体的 j 表示，如 $\mathbf{e}^{\mathrm{j}\theta} = \cos\theta + \mathrm{j}\sin\theta, \mathcal{S} = \mathrm{j}\Omega$。
- 对于特殊字符，如 τ，ρ 等，加粗（例如，$\boldsymbol{\rho}$）表示向量或者矩阵，不加粗表示变量。
- $\mathbf{a}^{(i)}$ 表示变量 $\mathbf{a}$ 的第 i 次迭代的值。
- $\mathbf{a}_i$ 表示一个由 i 标识的新的变量，例如，我们将矩阵 $\mathbf{A}$ 的第 i 列定义成这个新的变量。
- a^i 表示变量 a 的 i 次方。
- $\mathbf{a}(n)$ 表示物理变量 $\mathbf{a}$ 在第 n 时刻的值，或者由 $\mathbf{a}$ 构成的序列在第 n 时刻的值。
- 多个正体组合表示一个变量，例如，SNR 表示信噪比这一个变量，而 SNR 则表示 $S \times N \times R$ 3 个变量的乘积。
- Ω 表示模拟角频率。
- ω 表示数字角频率。
- $\mathcal{S}$ 表示拉普拉斯变换的自变量。
- $\mathcal{Z}$ 表示 $\mathcal{Z}$ 变换的自变量。
- $\mathbf{I}$ 表示单位矩阵。
- $\mathbf{i}_n$ 表示单位矩阵的第 n 列。
- $\mathbf{0}$ 表示元素全为零的矩阵。
- $\delta(t)$ 表示单位冲激信号/函数，t 是连续变量。
- $\delta(n)$ 表示单位脉冲序列，n 是整数。
- s.t. 出现在优化问题中，表示后面的是优化问题的约束条件。

B.2 运算符说明

- $(\cdot)^*$ 表示取共轭。
- $(\cdot)^{\mathrm{T}}$ 表示向量/矩阵的转置。

- $(\cdot)^{\mathrm{H}}$ 表示向量/矩阵的共轭转置，即先按元素取共轭，然后再转置。
- $(\cdot)^{-1}$ 表示矩阵求逆。
- $[\cdot]_i$ 表示取出向量的第 i 个元素。
- $[\cdot]_{i,\ j}$ 表示取出矩阵的第 i 行，第 j 列对应的元素。
- $|\cdot|$ 表示取绝对值。
- $\|\cdot\|_p$ 表示向量或者矩阵的 p 范数。
- $\forall i$ 表示对于所有的 i。
- $x(n) * y(n)$ 表示序列 $x(n)$ 和 $y(n)$ 做线性卷积。
- $x(n) \circledast y(n)$ 表示序列 $x(n)$ 和 $y(n)$ 做循环卷积。
- $\tilde{x}_{Ⓚ}(n)$ 表示对 $x(n)$ 进行周期延拓，周期为 K。
- $\mathbb{E}(\cdot)$ 表示取数学期望。
- $\frac{\partial}{\partial x}f$ 表示函数 f 对自变量 x 求偏导。
- $\int f(x)\mathrm{d}x$ 表示函数对自变量 x 进行积分。
- $\ln(\cdot)$ 表示取自然对数。
- $\log_{10}(\cdot)$ 表示取 10 为底的对数。
- $\min_x f(x)$ 表示以 x 为自变量，求取 $f(x)$ 对应的最小值。
- $\arg\min_x f(x)$ 表示以 x 为自变量，求取 $f(x)$ 对应的最小值，并返回最小值对应的 x。

参考文献

[1] Luo Z-Q. Convex optimization techniques for signal processing and communication[C]//Tutorial IEEE Int. Conf. Acoust., Speech, Signal Process. (ICASSP). 2002.

[2] Boyd S, Vandenberghe L. Convex optimization[M]. Cambridge University Press, 2004.

[3] Grant M, Boyd S, Ye Y. CVX: Matlab software for disciplined convex programming, version 1.21 (2011)[J]. Available, 2010.

[4] Benesty J, Sondhi M M, Huang Y. Springer Handbook of Speech Processing[M]. Berlin, Germany: Springer, 2008.

[5] Benesty J, Chen J, Huang Y. Microphone Array Signal Processing[M]. Berlin, Germany: Springer-Verlag, 2008.

[6] Cohen I. Noise spectrum estimation in adverse environments: Improved minima controlled recursive averaging[J]. IEEE Transactions on Speech and Audio Processing, 2003, 11(5): 466–475.

[7] Benesty J, Chen J, Huang Y, et al. Time-domain noise reduction based on an orthogonal decomposition for desired signal extraction[J]. The Journal of the Acoustical Society of America, 2012, 132(1): 452–464.

[8] Allen J B, Berkley D A. Image method for efficiently simulating small-room acoustics[J]. Journal of Acoustical Society of America, 1979, 65(4): 943–950.

[9] Huang Y, Benesty J, Chen J. Acoustic MIMO Signal Processing[M]. Berlin, Germany: Springer-Verlag, 2006.

[10] Benesty J, Gänsler T, Morgan D R, et al. Advances in Network and Acoustic Echo Cancellation[M]. Berlin, Germany: Springer-Verlag, 2001.

[11] Buchner H, Benesty J, Gansler T, et al. Robust extended multidelay filter and double-talk detector for acoustic echo cancellation[J]. IEEE Transactions on Audio, Speech, and Language Processing, 2006, 14(5): 1633–1644.

[12] Huber P J. Robust statistics[M]. Wiley, 1981.

[13] Chen J, Benesty J, Pan C. On the design and implementation of linear differential microphone arrays[J]. Journal of Acoustical Society of America, 2014, 136: 3097–3113.

[14] Pan C, Chen J, Benesty J. Theoretical analysis of differential microphone array beamforming and an improved solution[J]. IEEE/ACM Transactions on Audio, Speech and Language Processing, 2015, 23(11): 2093–2105.

[15] Benesty J, Chen J. Study and Design of Differential Microphone Arrays[M]. Berlin, Germany: Springer-Verlag, 2012.

[16] 潘超. 面向语音通信的麦克风阵列波束形成算法研究 [D]. [西安]: 西北工业大学, 2018.

[17] Pan C, Benesty J, Chen J. Design of robust differential microphone arrays with orthogonal poly-

nomials[J]. Journal of Acoustical Society of America，2015，138(2): 1079–1089.

[18] Li J，Stoica P. Robust Adaptive Beamforming[M]. Hoboken，NJ: Wiley Online Library，2006.

[19] Pan C，Chen J，Benesty J. Performance study of the MVDR beamformer as a function of the source incidence angle[J]. IEEE/ACM Transactions on Audio，Speech and Language Processing，2014，22(1): 67–79.

[20] Giacobello D，Christensen M G，Murthi M N，et al. Sparse linear prediction and its applications to speech processing[J]. IEEE/ACM Transactions on Audio，Speech and Language Processing，2012，20(5): 1644–1657.

[21] Boyd S，Parikh N，Chu E，et al. Distributed Optimization and Statistical Learning via the Alternating Direction Method of Multipliers[J]，2010，3(1): 1–122.

[22] Goodwin M M. The STFT，sinusoidal models，and speech modification[G]//Benesty J，Sondhi M M，Huang Y. Springer Handbook of Speech Processing. Berlin，Germany: Springer-Verlag，2008: 229–258.

[23] 黄丽贤，齐宝云，姜辉. 细说眩晕 [M]. 北京: 电子工业出版社，2019.

[24] Darling A. Properties and implementation of the Gammatone filter: a tutorial[J]. Speech Hearing and Language，Work in Progress，University College London，Department of Phonetics and Linguistics，1991: 43–61.

[25] Holdsworth J，Nimmo-Smith I，Patterson R，et al. Implementing a Gammatone filter bank[J]. SVOS Final Report: Part A: The Auditory Filterbank，1988: 1–5.

[26] Johannesma P. The pre-response stimulus ensemble of neurons in the cochlear nucleus[C]//Symposium on Hearing Theory. 1972.

[27] Davis S，Mermelstein P. Comparison of parametric representations for monosyllabic word recognition in continuously spoken sentences[J]. IEEE transactions on acoustics，speech，and signal processing，1980，28(4): 357–366.

[28] Dempster A P，Laird N M，Rubin D B. Maximum likelihood from incomplete data via the EM algorithm[J]. Journal of the Royal Statistical Society. Series B (methodological)，1977: 1–38.

[29] Beal M J. Variational algorithms for approximate Bayesian inference[D]. University of London，2003.

[30] Reynolds D A，Quatieri T F，Dunn R B. Speaker verification using adapted Gaussian mixture models[J]. Digital signal processing，2000，10(1–3): 19–41.

[31] Hansen J H，Hasan T. Speaker recognition by machines and humans: A tutorial review[J]. IEEE Signal processing magazine，2015，32(6): 74–99.

[32] LeCun Y，Bengio Y，others. Convolutional networks for images，speech，and time series[J]. The handbook of brain theory and neural networks，1995，3361(10): 1995.

[33] LeCun Y，Boser B，Denker J S，et al. Backpropagation applied to handwritten zip code recognition[J]. Neural computation，1989，1(4): 541–551.

[34] He K，Zhang X，Ren S，et al. Deep residual learning for image recognition[C]//Proceedings of the IEEE conference on computer vision and pattern recognition. 2016: 770–778.

[35] Cho K，Van Merriënboer B，Gulcehre C，et al. Learning phrase representations using RNN encoder-

decoder for statistical machine translation[J]. arXiv preprint arXiv:1406.1078，2014.

[36] Vaswani A，Shazeer N，Parmar N，et al. Attention is all you need[J]. Advances in neural information processing systems，2017，30.

[37] Yu D，Deng L. Automatic Speech Recognition[M]. London. Springer，2014.

[38] 李航. 统计学习方法 [M]. 北京: 清华大学出版社，2012.

[39] Alex R，Alessandro L. Clustering by fast search and find of density peaks.[J]. Science，2014，344(6191): 1492.

[40] Cortes C，Vapnik V. Support-vector networks[J]. Machine learning，1995，20(3): 273–297.

[41] Boser B E，Guyon I M，Vapnik V N. A training algorithm for optimal margin classifiers[C]//Proceedings of the fifth annual workshop on Computational learning theory. 1992: 144–152.

[42] Vapnik V. The nature of statistical learning theory[M]. New York. Springer science & business media，1999.

[43] Weston J，Watkins C，others. Support vector machines for multi-class pattern recognition.[C]//European Symposium on Artificial Neural Network: Vol 99. 1999: 219–224.

[44] Crammer K，Singer Y. On the algorithmic implementation of multiclass kernel-based vector machines[J]. Journal of machine learning research，2001，2: 265–292.

[45] Wu Y，Liu Y. Robust truncated hinge loss support vector machines[J]. Journal of the American Statistical Association，2007，102(479): 974–983.

[46] Rosasco L，De Vito E，Caponnetto A，et al. Are loss functions all the same?[J]. Neural computation，2004，16(5): 1063–1076.

[47] Burges C J. A tutorial on support vector machines for pattern recognition[J]. Data mining and knowledge discovery，1998，2(2): 121–167.

[48] Haykin S. Neural Networks and Learning Machines[M]. Pearson Education India，2009.

[49] Platt J. Sequential minimal optimization: A fast algorithm for training support vector machines[J]. Microsoft Research，1998.

[50] Bai Z，Zhang X-L. Speaker recognition based on deep learning: An overview[J]. Neural Networks，2021，140: 65–99.

[51] Variani E，Lei X，McDermott E，et al. Deep neural networks for small footprint text-dependent speaker verification[C]//IEEE international conference on acoustics，speech and signal processing (ICASSP). 2014: 4052–4056.

[52] Snyder D，Garcia-Romero D，Sell G，et al. X-vectors: Robust dnn embeddings for speaker recognition[C]//IEEE international conference on acoustics，speech and signal processing (ICASSP). 2018: 5329–5333.

[53] Snyder D，Garcia-Romero D，Povey D，et al. Deep Neural Network Embeddings for Text-Independent Speaker Verification.[C]//Interspeech. 2017: 999–1003.

[54] Oppenheim A V. Discrete-Time Signal Processing[M]. Pearson Education India，1999.

[55] 丁玉美，高西全. 数字信号处理 (第二版)[M]. 西安: 数字信号处理（第二版），2001.

[56] 胡广书. 数字信号处理: 理论、算法与实现 [M]. 北京: 清华大学出版社，1997.

[57] Van Trees H L. Optimum Array Processing: Part IV of Detection，Estimation，and Modulation[M]. New York，USA: John Wiley & Sons，2004.

[58] Kay S M. Fundamentals of Statistical Signal Processing: Estimation Theory[M]. Prentice-Hall, Inc., 1993.

[59] Goodfellow I，Bengio Y，Courville A. Deep learning[M]. MIT press，2016.

[60] 周志华. 机器学习 [M]. 北京：机械工业出版社，2016.

[61] 邱锡鹏. 神经网络与深度学习 [M]. 北京：机械工业出版社，2020.

[62] Rabiner L，Juang B-H. Fundamentals of Speech Recognition[M]. Prentice-Hall，Inc.，1993.

[63] Makino S. Audio Source Separation[M]. Switzerland: Springer，2018.

[64] Benesty J, Cohen I, Chen J. Fundamentals of Signal Enhancement and Array Signal Processing[M]. Singapore: Wiley-IEEE Press，2018.

[65] 谢菠荪. 空间声原理 [M]. 北京：科学出版社，2019.

[66] 程建春. 声学原理 [M]. 北京：科学出版社，2012.

[67] 汪德昭，尚尔昌. 水声学 [M]. 北京：科学出版社，2013.

[68] Malik S. Bayesian learning of linear and nonlinear acoustic system models in hands-free communication[D]. Ph. D. dissertation, Inst. of Commun. Acoust., Ruhr-Univ. Bochum, Bochum, Germany, 2012.

[69] Pedersen M S, Larsen J, Kjems U, et al. A survey of convolutive blind source separation methods[J]. Multichannel Speech Processing Handbook，2007: 1065–1084.

[70] Benesty J，Chen J，Pan C. Fundamentals of Differential Beamforming[M]. Singerpore: Springer Briefs in Electrical and Computer Engineering，2016.

[71] Arulampalam M S, Maskell S, Gordon N, et al. A tutorial on particle filters for online nonlinear/non-Gaussian Bayesian tracking[J]. IEEE Transactions on Signal Processing，2002，50(2): 174–188.

[72] Chen Z. Bayesian filtering: From Kalman filters to particle filters，and beyond[J]. Statistics，2003, 182(1): 1–69.

[73] McLachlan G，Krishnan T. The EM algorithm and extensions: Vol 382[M]. John Wiley & Sons, 2007.

[74] Jacobsen F. The Diffuse Sound Field: Statistical Considerations Concerning the Reverberant Field in the Steady State[M]. Acoustics Laboratory，Technical University of Denmark，1979.

[75] Loizou P C. Speech Enhancement: Theory and Practice[M]. Boca Raton. CRC Press，2013.

[76] Kuttruff H. Room Acoustics[M]. Boca Raton. CRC Press，2009.

[77] Franklin J N. Matrix Theory[M]. Englewood Cliffs，NJ: Prentice-Hall，1968.

[78] Golub G H，Van Loan C F. Matrix Computations[M]. Baltimore，Maryland: The Johns Hopkins University Press，1996.

[79] Fukunaga K. Introduction to statistical pattern recognition[M]. San Diego, CA. Academic Press, 1990.

[80] Williams E G. Fourier Acoustics: Sound radiation and Nearfield Acoustical Holographys[M]. London. Academic Press, San Diego, 1999.

[81] Madisetti V. Digital signal processing fundamentals[M]. London. CRC press, 2009.

[82] Shefeng Y. Broadband Array Processing[M]. Singapore: Springer, 2019.

[83] Korenev B G. Bessel Functions and Their Applications[M]. London. CRC Press, 2003.

[84] Huang Y, Benesty J. Audio Signal Processing: For Next-Generation Multimedia Communication Systems[M]. New York. Springer Science & Business Media, 2004.

[85] Balanis C A. Antenna Theory: Analysis and Design: Vol 1[M]. New Jersey. John Wiley & Sons, 2005.

[86] Moore B C J. An Introduction to Psychology Hearing[M]. London: Academic Press, 1997.

[87] Chihara T S. An Introduction to Orthogonal Polynomials[M]. New York: Dover, 2011.

[88] Petersen K B, Pedersen M S, et al. The matrix cookbook[J]. Technical University of Denmark, 2008: 1–56.

[89] Pan C, Chen J, Benesty J, et al. On the design of target beampatterns for differential microphone arrays[J]. IEEE/ACM Transactions on Audio, Speech and Language Processing, 2019, 28(8): 1295–1307.

[90] Yan S, Ma Y. Robust supergain beamforming for circular array via second-order cone programming[J]. Applied Acoustics, 2005, 66(9): 1018–1032.

[91] Yan S, Ma Y, Hou C. Optimal array pattern synthesis for broadband arrays[J]. Journal of Acoustical Society of America, 2007, 122(5): 2686–2696.

[92] Chen J, Benesty J, Huang Y, et al. New insights into the noise reduction Wiener filter[J]. IEEE/ACM Transactions on Audio, Speech and Language Processing, 2006, 14(4): 1218–1234.

[93] 叶中付. 统计信号处理 [M]. 合肥: 中国科学技术大学出版社, 2013.

[94] 谢菠荪. 头相关传递函数与虚拟听觉 [M]. 北京: 国防工业出版社, 2008.

[95] 马大猷. 说话的科学技术 [M]. 北京: 清华大学出版社, 2004.

[96] 李宝善. 近代传声器和拾音技术 [M]. 北京: 广播出版社, 1984.

[97] 戴念祖. 中国音乐声学史 [M]. 北京: 中国科学技术出版社, 2018.

[98] 鲍长春. 数字语音编码原理 [M]. 西安: 西安电子科技大学出版社, 2007.

[99] Howard D, Angus J. Acoustics and psychoacoustics[M]. New York. Routledge, 2013.

[100] Haykin S S. Adaptive filter theory[M]. New Jersey. Pearson Education India, 2008.

[101] Benesty J, Chen J, Cohen I. Design of Circular Differential Microphone Arrays[M]. Switzerland: Springer-Verlag, 2015.

[102] Benesty J, Chen J, Habets E A. Speech enhancement in the STFT domain[M]. London. Springer Science & Business Media, 2011.

[103] Benesty J, Chen J, Huang Y, et al. Noise Reduction in Speech Processing: Vol 2[M]. Berlin, Germany: Springer Science & Business Media, 2009.

[104] Hochreiter S, Schmidhuber J. Long short-term memory[J]. Neural computation, 1997, 9(8): 1735–1780.

[105] Rumelhart D E，Hinton G E，Williams R J. Learning representations by back-propagating errors[J]. nature，1986，323(6088): 533–536.

[106] Vapnik V N. An overview of statistical learning theory[J]. IEEE transactions on neural networks，1999，10(5): 988–999.

[107] Parks T，Mcclellan J. Chebyshev Approximation for Nonrecursive Digital Filters with Linear Phase[J]. IEEE Transactions on Circuit Theory，1972，19(2): 189–194.

[108] Liu W，Weiss S. Wideband Beamforming: Concepts and Techniques: Vol 17[M]. Chichester，UK: John Wiley & Sons，2010.

[109] Yan S. Optimal design of FIR beamformer with frequency invariant patterns[J]. Applied Acoustics，2006，67(6): 511–528.

[110] Yan S，Sun H，Svensson U P，et al. Optimal modal beamforming for spherical microphone arrays[J]. IEEE/ACM Transactions on Audio，Speech and Language Processing，2011，19(2): 361–371.

[111] Pan C，Chen J. A Framework of Directional-Gain Beamforming and A White-Noise-Gain-Controlled Solution[J]. IEEE/ACM Transactions on Audio，Speech and Language Processing，2022.